U0610233

聪明人都这么办事

Smart people do that

文竹 著

当代世界出版社
THE CONTEMPORARY WORLD PRESS

图书在版编目（CIP）数据

聪明人都这么办事 / 文竹著 . -- 北京：当代世界
出版社, 2017.9
　　ISBN 978-7-5090-1259-8

　　Ⅰ.①聪… Ⅱ.①文… Ⅲ.①成功心理—通俗读物
Ⅳ.①B848.4-49

中国版本图书馆 CIP 数据核字 (2017) 第 206640 号

书　　　名：聪明人都这么办事
出版发行：当代世界出版社
地　　　址：北京市复兴路4号（100860）
网　　　址：http://www.worldpress.org.cn
编务电话：（010）83907332
发行电话：（010）83908409
　　　　　　（010）83908455
　　　　　　（010）83908377
　　　　　　（010）83908423（邮购）
　　　　　　（010）83908410（传真）
经　　　销：全国新华书店
印　　　刷：三河市三佳印刷装订有限公司
开　　　本：710毫米×1000毫米　1/16
印　　　张：16
字　　　数：230千字
版　　　次：2017年12月第1版
印　　　次：2017年12月第1次
书　　　号：ISBN 978-7-5090-1259-8
定　　　价：39.00元

如发现印装质量问题，请与承印厂联系调换。

版权所有，翻印必究，未经许可，不得转载！

管好心情，理好人情，办好事情

我们做人做事，都希望取得让人满意的效果，最终达成所愿。但是，在具体办事的过程中，由于计划不周、散漫拖延、放弃底线，往往使事情失控；由于忽略人心、失了分寸、不懂分享，常常得不到认同。

一个人缺乏自律、自以为是，其实就是情商低。这样的人做事格调不高、格局不大，四处碰壁，干什么都一筹莫展。而聪明人情绪稳定、心智成熟、视野宽广，说话办事总能令人心悦诚服。

一天傍晚，牧师在高墙边发现了一把椅子。他猜测，肯定有人从这里爬到墙外去玩了，于是，他搬走椅子，静静地在这里等候。

深夜，外出的小仆役爬上墙，小心翼翼地跳下来，踩着"椅子"回到院墙里。但是，他明显感觉到"椅子"软软的，不像以前那么硬，他仔细一看，发现自己踩的是牧师的背。

小仆役大吃一惊，慌忙跑回住处，吓得不敢出门。接下来的几天，他诚惶诚恐地等待牧师的责罚，但是，牧师始终不动声色，就像那件事从来没有发生过。

思索之后，小仆役明白了牧师的良苦用心，也从这份宽容中受到了教育。从此，他收敛起放纵的心，再没有翻墙出去玩乐。后来，他刻苦学习，不断历练自己，最终成为品德高尚、才学广博的人，并在多年后也成了教堂的牧师。

牧师控制住发脾气的冲动，用宽容的心感化小仆役，展示了聪明人应有的处事方式。每个人如果都能像牧师那样自制，善于引导他人的行为，必然能成为办事高手，打造出自己的成功人生。

控制欲隐藏在每个人的潜意识里，通过日常行为表现出来，如果不懂得控制自己的情绪，那么说话办事就容易出错。聪明人懂得限制这种力量，做到自律、善解人意，所以不仅能成为高效能人士，还能为别人提供帮助，与人融洽相处。

不会办事的人，是麻烦制造者；会办事的人，是问题解决者。高效办事的前提是掌控自我，并照顾到他人，找到突破问题的关键。一旦做到这一点，你就会成为大家眼中有本事的人，充分展示个人魅力与影响力。

本书系统总结了提升办事能力的方法与实用技巧，具有很强的实用性与操作性。对渴望有更大作为的人来说，遵循这些原则认真练习，一定能取得不可思议的进步和成功，让人生大放光彩。

目录

03 这些事，要抓紧去办：
缺少行动的梦想，永远都是妄想

04 这些事，要拼尽全力：
渴望更大成功的时候，要有更刻苦的准备

第二辑　聪明人善解人意

19 这些事，要看淡得失：
如果事与愿违，请相信一定另有安排

聪明人懂得自律

自控只能防止事态变坏，自律会让事情变得更好聪明人情绪更稳定、心智更成熟，不但具有自控力，还懂得自律。他们能够正确面对生活中的消极面，养成良好的行为习惯，成为理想中的自己，让工作和生活变得更有意义。

Chapter 01 这些事，要提早规划

没有计划的人迟早被计划掉

如果知道去哪里，全世界都会为你让路。对自己的未来和人生，做到提前计划，才能尽早摆脱茫然状态，超越你的同龄人。

布利斯定理：事前想得清，事中不折腾

美国行为科学家艾得·布利斯提出，用较多的时间为一次工作做事前计划，完成这项工作所用的总时间就会减少，这被称为"布利斯定理"。它提醒人们，事前没有计划，行动起来就会手忙脚乱；反之，事前拟定好行动计划，做事的时候就会应付自如。

《礼记·中庸》中有这样一句话："凡事预则立，不预则废。"不论做什么事，提前做好准备就容易成功，否则就会失败。后面还有四句："言前定则不跲，事前定则不困，行前定则不疚，道前定则不穷。"意思是，说话先有准备，就不会理屈词穷，站不住脚；做事先有准备，就不会遇到挫折；行事前先有定夺，就不会发生错误后悔的事，道路提前选择好，就不会走投无路。

情商高的人懂得，无论大事小事，预先做好准备是成功的关键。准备是成功的条件、过程，成功是准备的目标、结果。准备工作好比"十月怀胎"，成功只是"一朝分娩"。有准备的人虽然不一定都能获得成功，但是获得成功的人一定都是有准备的人。

西雅图一家公司因为经营不善，被法国一家公司兼并了。公司新总裁一上任，就宣布了一个决定：公司所有员工都要进行法语测试，测试不合格者不能留用。

决定一宣布，所有人都慌了，他们意识到，不懂法语就意味着要被解雇，于是纷纷拥向图书馆开始补习法语。然而，有一位员工却丝毫不受影响，仍然像平常一样上下班，每天准时回家。同事们纷纷猜测，他是不是已经放弃这份工作了。

不久，法语测试结果公布，那些挑灯夜读的人，考试成绩并不理想，而那位按时上下班的员工却得了最高分。

原来，这位员工刚入职的时候，就发现公司的法国客户很多。因为不懂法语，他每次与客户往来的邮件或合同文本，都要由公司的翻译帮忙。有时候翻译忙于其他更重要的事情，他就只能被迫中断工作。

他想，既然工作中经常使用法语，也许有一天这会成为考核、录用员工的一个重要条件。想到这里，他产生了学习法语的念头，并立即行动起来。这次测试取得最高分，就是他提前学习的结果。

做一件事，只有美好的想法，没有科学的计划，行动起来就会手忙脚乱。作为一种有效指导，计划可以帮你节省时间、减轻压力。显然，有了好的计划，就有了好的开始。

美国成功学大师安东尼·罗宾曾经提出过一个成功的万能公式：成功＝明确目标＋详细计划＋马上行动＋检查修正＋坚持到底。从这个公式不难看出，明确的目标与可行的计划特别重要。

事实证明，事前计划可以对设想进行科学地分析，预见设想能否实现。同时，在制订计划的过程中，还可以将做事的流程梳理通畅，这样行动起来就会迅速高效。

1953年，耶鲁大学对毕业生进行了一次有关人生目标的调查。当被问及是否有清楚明确的目标以及书面计划时，只有3%的学生是肯定的回答。通过跟踪调查发现，20年后那3%有目标和计划的学生，在财务状况上远好于其他97%的学生。

成功往往眷顾那些有计划、有准备的人。所谓"知己知彼，百战百胜"，做计划是剖析自我和分析形势的过程，没有这个过程，你在行动中就会浪费更多的时间。值得注意的是，无论制订哪方面的计划，都要从个人的实际情况出发，从现实的环境入手，切忌"假大空"，否则只能空忙一场。

【办事心理学】

做事没有计划，行动起来就会到处乱撞，以致伤痕累累。事前拟订好行动计划，就有了赢得成功的时间表，只要朝着目标不懈努力，成功非你莫属！

定位：位置决定人生道路

哈佛教授哈恩曼经常给学生讲这样一个故事：

一个乞丐站在路边，手里拿着几个橘子。这时，一个商人走过来，将几枚硬币塞给乞丐后匆匆离开了。过了一会儿，商人又回来了，对乞丐说："对不起，刚才我忘了拿橘子。"

乞丐面露难色，说道："我只有这几个橘子了，没有打算卖掉它们。我只是站在这里等好心人的施舍。"商人摇摇头，坚定地说："我认为我们都是商人。"

很多年之后，在一个非常重要的场合，这位商人再次见到了当年那个乞丐。此时，他衣着鲜亮，打扮入时，已经成为一位成功人士。他对这位商人表示了感谢。正是因为当年对方将自己定位成商人，他才拥有了今天的生活。

哈恩曼教授向大家分享这个案例，是强调一个观点：位置决定人生道路。那么，这个观点背后有怎样的逻辑呢？

第一，每个人都处于不同的位置，你将自己定位成什么人，就会朝着这个方向努力。

每个人的精力和时间都是有限的，然而即便是一个弱小的生命，如果将全部精力集中到一个目标上，也会有惊人的成就。反之，即便是一个强大的生命，如果分散精力，一会儿干这个，一会儿干那个，最终往往一事无成。

英国《自然》杂志收录过一篇文章，一位学者去丛林考察，无意中看到了一只小鸟与一条猛蛇大战的全过程：

一只麻雀那么大的小鸟在觅食过程中遭遇一条猛蛇袭击，它没有逃跑，而是寻找机会用尖喙一下一下地啄猛蛇的头部。小鸟的力量非常小，一两次的袭击根本不会对猛蛇造成伤害。可是，这只小鸟不断地袭击猛蛇，而且每次的袭击点都在同一个位置。终于，经过上百次的攻击，小鸟竟然让那条猛蛇丧命。

从各方面来看，小鸟均处于劣势，但它为何能成功制服强大的猛蛇呢？因为小鸟瞅准了一个点，将自己的全部力量集中于此，经过无数次的攻击，最终打败了猛蛇。

第二，定位在什么样的位置，会影响人生的道路。

一个定位往上攀登的人，他的心永远向上；反之，一个甘心成为别人绊脚石的人，永远不会有大成就。正如哈恩曼教授提到的"乞丐"，在外界的指引下将自己定位为商人，而非沿街乞讨的人，终于成了一名衣食无忧的商人。

可见，不同的人会给自己不同的定位，而这个定位将决定其未来的人生道路。如果你长时间努力工作，却没有准确的定位，那么一切努力都是徒劳。一个人是否能够成功，不在于他做了多少工作，而在于他做了什么工作。不同的定位，成就不同的人生。

很多人看似忙忙碌碌，可是最终一无所获。原因不是因为他们不够努力，也不是因为他们不够聪明，而是因为他们不懂定位，没有将自己的精力集中于一个目标。我们将人生比作一次远行，从起点到终点如果只有一个方向，那么到达的距离会很远；但是，如果有很多方向，则会出现一个结果：原地画圈，走不了多远。

【办事心理学】

人的时间和精力是宝贵的，不同的选择成就不同的人生。给自己一个科学、合理的定位，并为之不懈奋斗，更容易突破自我，抵达成功的彼岸。

没有计划的人迟早被计划掉

"计划"是一个人对目前以及未来的规划，一个有计划的人做事有条不紊，并且每件事都有目的性，成功对他来说是实行计划的结果。而没有计划的人，纵使心怀高远，也很难实现梦想。

成功不是想想而已，如何成功？怎样做？目前这个阶段要做什么？如果连这些计划都没有，便只能被计划掉！

有的人在大学期间成绩优秀，能力也很强，但是多年以后并没有什么成就；而那些早年为人低调的人，却在后来有所建树，让人刮目相看。他们的区别在于，是否提前制订了计划。

小周从大一开始就参加各种活动，他说这可以锻炼自己，以后找工作也能派上用场。同时，他还参加各种培训考试，因此每天忙得团团转。

同宿舍的小李与之截然相反，小李有明确的目标，准备将来出国留学，因此，他很少参加社团活动，总是在图书馆专心学习。

大学期间，小周是学校的风云人物，他能言善辩、容貌帅气，成了众多女生心目中的男神，而那时的小李却不修边幅，带着厚厚的眼镜，穿着一双球鞋来往于宿舍和图书馆之间，丝毫不能引起大家的注意。

大三下半年，小周不得不将手上各种社团的管理权交给下一届，这是学校的传统。此后，小周除了上课，整日无所事事，不知道做什么，而小李依旧忙碌地学习着。

大四那年，小周开始参加各种考试，公务员、研究生、企业招考……他需要准备的东西太多，结束最后哪件事也没做到位。毕业时，小李顺利出国，学习金融专业，而小周进入一家小公司做业务员。

多年后同学聚会，酒桌上的小周没有了当年的意气风发。虽然是一家小公司的业务主管，但是在众多成就斐然的同学面前，他明显矮人一截。

而小李衣衫革履、风度翩翩，让人很难想象他就是当年那个带着厚厚的眼镜，沉默寡言的男生。据说他已经创办了公司，公司的估值超过1.2亿美元。

其实从一开始，小周和小李就在走不同的路。小周从开始就没有计划，一边追随大家参加社团活动，一边参加各种培训考试，根本没有明确的目标。随波逐流之下，他只能走一步看一步，听从命运的安排。

而小李从进入大学校园的那一刻起，就制定了详细的计划。他做的一切都有明确的目的，最后出国、创建公司也就理所当然。

生活中，"小周"和"小李"这样的人很常见。有的人没有目标，没有计划，于是盲目地做着一切，很难在自己的领域里有所建树。而有的人很早就开始计划自己的人生，使后来的发展有特定的轨迹，有所成就看起来也顺理成章。

拥有美好梦想的人比比皆是，而成功者却屈指可数。口头上的羡慕若没有之后的行动，只能是痴人说梦，而盲目的行动以及毫无计划的努力只会徒劳无功。

想有所作为、梦想成真，就要计划现在，计划未来。如果你不清楚自己的目标是什么，首先要搞清楚方向在哪里。如果你有明确的目标，那么请静下心来，做一份详细的计划书。你可以给自己一个期限，一年或者三年，这段时间你要达到哪一个目标？这段时间的每一天，每一个小时，你要怎样做？要做到什么程度？

【办事心理学】

这是一个充满竞争也遍布着各种机会的时代。但是，如果你没有计划，就只能被淘汰、被计划掉！从这一刻开始，试着做计划吧，计划你的现在、未来，计划你生活中的每一分、每一秒！

用目标约束自己，努力实现梦想

想要实现梦想，必须首先设定明确的目标，并矢志不渝地朝着目标前进，有不达目标誓不罢休的精神。也许在几年之内你并不能实现梦想，但是只要一直努力下去，你会发现自己离梦想越来越近了。

很多人不知道自己的人生该往哪里走，是因为没有明确的人生目标。对自己的人生做好规划，未来就是一张宏伟的蓝图；如果没有做好规划，那未来将是一幅零散的拼图。

在百米竞技的世界里，苏炳添是第一个跑进10秒的黄种人。这位"亚洲飞人"懂得树立目标，并用目标严格约束自己。当然，他的成功并非一帆风顺，在早期也曾因为训练太苦，险些放弃短跑。

在2011年全锦赛上，苏炳添打破了全国纪录。面对巨大的成功，他有些"自满"，开始享受起安逸的生活，训练也不像以前那样刻苦了。到了2013年，他保持的纪录被张培萌打破，这令他顿时产生了深深的挫败感，悔恨自己为何没有严格训练，进一步提升自己。

随后，苏炳添为自己设定目标，并不断突破。2014年，他为自己定下了两年之内"突破10秒"的目标，之后，他开始向这个目标努力。为了保证训练时间，苏炳添拒绝了大量采访，与安逸的生活彻底隔绝。

为了实现"破10"的目标，苏炳添对训练提出苛刻的要求，任何细节都不放过。他发现起跑的时候，左脚出发比右脚出发奔跑起来更加有力，更加顺畅，于是，他向教练提出了换脚的请求，这一改变让他在100米跑中提升了速度。

经过一番严格的训练，目标终于变为现实。2015年5月31日，在美国举办的国际田联钻石联赛尤金站比赛中，苏炳添以9秒99的成绩夺得季军，实现了自己两年内突破10秒的目标。清晰的目标加上刻苦的训练，让苏炳添创造了历史。

人生拥有清晰而明确的目标，做任何事都不会迷失方向。那些一事无成的人，往往没有设立目标，或者虽然设立了目标，却没有将其付诸实践。

同样的学历、智商和努力程度，有清晰、长远目标的人，经过不懈努力更容易成为社会各界的中流砥柱；那些拥有短期目标的人，虽然没有到达金字塔顶尖，但也会小有成就。那些没有目标的人，大多生活在社会最底层，为了生计而奔波，生活一片灰暗。因此，用目标约束自己，努力实现梦想，是迈向成功的必经之途。

【办事心理学】

没有目标的人生，会失去方向，不知道自己的使命在哪里。有了目标而不懂得用目标约束自我，结果也只能半途而废。

为什么而努力：动机决定成败

从心理学上讲，动机是一切行动的驱动力，是激发诸多才能的内在力量。那些有明确动机的人，其行动都有立竿见影的效果。在不同领域有所建树的人，都有特定的动机，具备不懈努力的原动力，因此一番奋斗之后成为业内佼佼者。

美国新泽西州有一座美丽的小镇，风景秀丽，是名副其实的度假胜地。然而，让这座小镇家喻户晓的原因不是它迷人的风景，而是镇上一所普通的小学。

小学成立之初仅有 26 名学生，他们被安排在一间狭小昏暗的教室里上课。每个学生的名声都不好，打架、逃课司空见惯。其他学校怕影响别的学生，都不敢接收他们，于是他们被塞进了这所小学。

当这些孩子前程一片黑暗之际，一位年轻女教师出现了。她美丽、善良，就像上帝派来的天使。开学第一天，女教师给孩子们出了一道题：长大后，你们想成为什么样的人？

女教师让孩子们尽情地想象自己的未来，尽情地描述人生的无限可能。这堂课所有学生都很认真，完全沉浸在对未来的畅想中。事实上，从来没有人认为他们能有好的未来，这些孩子属于被嫌弃的人。而这种畅想未来的体验给他们每个人带来了深远的影响。

很快，镇上的人惊奇地发现孩子们变了，不再像以前那样消极。他们一个个像整装待发的士兵，充满活力和激情。渐渐地，镇上的人开始接受他们，喜爱他们。孩子们也感觉到了人们态度的改变，内心充满了各种美好的事。

多年之后，这些孩子长大了，而且每个人都如愿以偿地成为精英，拥有光明的前程和幸福的家庭。显然，这种变化源于梦想的力量。年轻的女教师给了每个孩子奋斗的动机，让他们知道为何而努力，有了这种内心深处的原动力，孩子们的人生被彻底改变了。

"为什么而努力？"这是成就人生的动机。有了这种动机，生命的潜能会被激发，人们会不知疲惫，朝着既定的目标奔跑。

哈佛学子从入学第一天起就开始了炼狱般的生活。很多时候，他们吃在图书馆，睡在图书馆，尽管学习强度很大，但是大家似乎永远不知道疲惫，许多人一周的睡眠时间仅有十几个小时。即便如此，哈佛学子们依旧精力充沛地学习。

难道说，哈佛的学生真的拥有着异乎常人的精力吗？答案是否定的。他们之所以精力充沛，是因为他们清楚自己为什么而努力，尽管每个人的动机不同，但是产生的力量却同样强大，正是这种力量驱使更多的人创造了奇迹。

【办事心理学】

渴望获得成功，就必须清楚自己为何而努力。

别让"映射"操纵你的人生

一位学生愁云满面地对自己的导师说："老师，我最近很纠结。"

老师问道："为什么？"

"有人说我是天才，日后必将大有作为；有人说我是名副其实的蠢材，将来不会有什么作为。老师，您说我到底是天才还是蠢材呢？"

"你认为自己是天才还是蠢材呢？"老师问道。

"我也有些迷惑了。"学生一脸茫然。

老师语重心长地说："如果你对自己都感到迷惑，那么我就更无从判断了。不过可以肯定的是，无论别人怎么评价你，你永远是本来的样子。如果你的发展完全取决于别人对你的评价，没有自己的人生规划，那么你就是一个傀儡，不会取得任何成就。"

随后，老师谈起了自己早年的一段经历。

上小学的时候，有一次他考了第一，得到了老师赠送的一本世界地图。他很开心，整天捧着地图研究。一天，父亲让他帮忙拔草。他一边拔草，一边研究地图，结果把庄稼和草一起拔掉了。

父亲大怒，训斥道："整天捧着地图研究什么？"他委屈地说："我在看埃及在哪儿，等我长大了一定要去埃及。"父亲听完更生气了，说道："什么？你还想去埃及？别做梦了，你这辈子都不可能去那里！"

当时，他并不服气，心想："父亲怎么会给我下这么奇怪的定论呢？难道我这一生真的没有能力去埃及吗？"二十年后，他第一次出国就选择了埃及。很多人对此表示疑惑，他说："因为我的人生不能被别人设定。"

每个人每天都要接触很多人，包括父母、同学、陌生人等，他们的言行和思维或多或少都会影响到你。但是，你的生命要靠自己雕琢，不能让别人设计。那些人生由别人设计，并且照着别人的设定生活的人，大多碌碌无为，只有对人生充满想象的人，才能不断超越自己。

很多人羡慕那些衔着金汤勺出生的人，一出生就被父母安排好一切，按照既定的步骤安稳地前进，不用自己拼搏，不用历经风雨，但这真的是一种幸运吗？其实，将自己的人生完全交给别人安排，并不值得羡慕，因为你无法依靠他人一辈子。

让别人操控自己的人生，会彻底失去自由。无论别人能够帮你多少，最终上路的还是你自己。那么，如何避免"映射"影响自己的人生呢？

第一，排除杂念，秉持坚定的信念。

无论是凡夫俗子还是盖世英雄，总有遭人批评的时候。事实上，一个人越成功，随之而来的非议也会越多。此时，真正勇敢的人会排除杂念、秉持信念，勇往直前。

第二，敢于冒险，突破自我。

世界到处是机遇，也到处是风险，想要活出不一样的人生，必须具备随时迎接挑战的心理素质。无论眼前的境遇多么糟糕，都不必忧虑，大不了从头再来。生活中没有那么多值得畏惧、担忧的事情，情商高的人勇于抗争到底。

【办事心理学】

每个人都要对自己的人生负责。如果你活在他人的"映射"中，那么请及时苏醒吧！自己设计自己的人生，才不负美好年华。

Chapter 02 这些事，要说到做到

不为失败找借口，只为成功找方法

对自己狠一点，离成功近一点。这世上除了自己，没有谁可以真正帮到你。无论你面临多么艰巨的困难，只要朝着既定目标拼搏，就会产生势不可当的力量。

始终保持被激励的状态

有什么样的梦想，就有什么样的人生。你今天站在哪个位置并不重要，你下一步站到哪个位置很重要。在实现梦想的途中，不断设立目标，升级目标，始终保持被激励的状态，你会发现梦想就在不远处。

诺思克利夫爵士被称为"新闻界的拿破仑"，其主办了《泰晤士报》可谓是新闻界的泰斗。在一次公司举办的年会上，诺思克利夫与一名工作人员聊起来，问道："你来公司多久了？喜欢现在的工作吗？"

"来了将近半年了，我很喜欢现在的工作。"那名新员工回答。

"薪水多少，是否满意呀？"

"一星期5英镑，非常满意，谢谢您让我拥有这份工作。"

"事实上，我并不希望员工仅仅满足于每星期5英镑的薪水。在将5英镑的工作做好之后，我希望你的目标是每星期50英镑。"诺思克利夫认真地说。

事实上，很多人都跟这名员工一样，仅仅满足于做好分内之事，曾经为梦想许下的誓言大多抛到了脑后。是他们没有梦想了吗？还是缺乏奋斗的精神？都不是，他们依然有梦想，也依然在奋斗，只是时间长了，信心会削弱，意志会消沉，最后没有斗志了。

一时的精神饱满、斗志昂扬并不难，难的是如何一直保持这种状态。保持被激励的状态才能避免丧失信心、走向崩溃，永远朝着奋斗的目标大步前进。那么，如何保持被激励的状态呢？

第一，永远不忘奋斗目标。

"眼睛所能看到的地方就是你会到达的地方。"的确如此，如果说梦想是一个虚幻的概念，那么目标就是这个虚幻概念中的真实组成部分。实现远大的梦想，首先要确立奋斗目标，将目标始终牢记于心，激励自己持续进步。

第二，从最实际的目标做起。

制定目标时，不能贪大贪多，要根据自身的实际条件，尽量制定切实可行的目标。目标太大，不但无法实现，反而会因此产生巨大的压力，甚至让人喘不过气来。只有从最切合自身实际情况的目标做起，才能不断攻克难关，始终保持被激励的状态。

第三，不断升级目标。

对每一个心怀梦想的人来说，不管当下处于什么状态，只要拥有积极进取的精神和更上一层楼的决心，不断升级目标，就能离成功越来越近。反之，任何止步不前的人，都是另一种形式的退步。

【办事心理学】

情商高的人能够说到做到，除了顽强的意志，还在于他们懂得自我激励，用目标指引自己前进。

抱怨背后的"心理"机制

每个人都会面临不顺：或遭遇恋人背叛，或在职场上遭遇打压，或时运不济无人赏识，或穷困潦倒前途渺茫……情商高的人面对困难，会乐观地尝试改变现状；而更多的人会用"抱怨"来发泄自己对这个世界的不满。

从心理学角度分析，喜欢抱怨的人内心消极，他们一味地沉浸在自己营造的"悲剧"中，扮演着苦情角色，却从未反省过，从不会意识到眼前的悲剧是自己一手造成的。事实上，抱怨解决不了任何问题，与其把时间花在怨天尤人上，还不如凭借自己的力量积极改变现状。

其实，抱怨往往来自错误消极的心理暗示。爱抱怨的人看待问题很消极，认为生活与自己的理想有很大差距，抱怨情绪便由此产生。研究表明，一个人之所以会抱怨，是因为对所处的状态不满。事实上，这是一种逃避责任或者软弱无能的表现。

45岁的宋凯是一名基层公务员，尽管已经工作了二十多年，却依然是一名普通的科员。谈到这一点，他总是难掩失意的神色。

二十多年间，宋凯见证了周围很多人的崛起：十几年前，同事王珂辞职下海，从事房地产行业，如今早已经成为身家上亿的房地产公司老板；同学陈峰走的是教学科研的道路，现在已经成为某大学的副校长，不仅受人尊敬，而且收入不菲……相比之下，宋凯似乎没有任何变化，收入也捉襟见肘。

面对如此巨大的差距，宋凯经常愁眉苦脸地抱怨："兢兢业业干了二十多年，就算没功劳也有苦劳吧，结果到头来只能拿这么点钱，还不够陈峰一顿饭钱呢！"尤其是碰到上级检查，不能按时下班，连节假日也要加班时，他的抱怨就更停不下来，"这些领导们真是太过分了，有事没事就搞这检查、那检查，生怕基层公务员过得太舒服……"

每次聚会之后，宋凯都会情绪失落，他觉得自己能力、经验并不比别人差，却混成这样，于是抱怨就成了常态。

宋凯时常表达对自身现状的不满，但却从未做出过改变。他只顾发泄自己的负面情绪，却对他人的艰辛努力和付出避而不谈，缺乏行动的魄力。浑身负能量的人到哪里都无法招人喜欢，没有哪个领导会赏识一个不停抱怨的下属，这才是宋凯没能在仕途上更进一步的重要原因。

倾诉是减轻心理压力、舒缓消极情绪的一个好办法，但凡事过犹不及，无止无休地倾诉和抱怨会让人丧失进取心和执行力，彻底变成失败者。如果不想在"抱怨"中丢失自我，那么就立刻停止抱怨，积极寻找通往成功的路径。

第一，多从自身找原因。

别把不幸归于客观因素，如果你对自身的境况不满，那么不妨从自身找原因：是不是不够努力，是不是当初决策过于优柔寡断……这样的归因方式能够很好地帮助我们发现症结所在，远离抱怨。

第二，立即行动，改变现状。

消极的情绪会吞噬一个人的自信、精力和宝贵的时间，所以转变心态，赶快行动起来吧！与其抱怨薪水低，不如抓紧时间学习、提升自我，让自己变得更有价值。

【办事心理学】

人生难免经历坎坷，这就是现实。从今天起，做一个不抱怨的人，即便是遭遇委屈甚至痛苦，也不要抱怨，积极乐观地尝试改变现状，才是最明智的选择。

不要拒绝看似不可能完成的任务

1927年，鲁迅先生在《无声的中国》一文中写道："中国人的性情总是喜欢调和、折中的，譬如你说，这屋子太暗，在这里开个天窗，大家一定是不允许的，但如果你主张拆掉屋顶，他们就会来调和，愿意开天窗了。"后来，人们将这种心理叫作"拆屋效应"。

人类有两种本能：战斗和逃跑。毫无疑问，战斗需要消耗更多的能量，因此逃跑成为人类生存下去的有效手段。但是，周围环境在不断变化，如果故步自封，就将面临被淘汰的压力。

当一件看似不可能完成的任务摆在面前时，大多数人出于本能会后退一步，选择把烫手的山芋扔给别人。这样做的结果是，他们可能终其一生都没有勇气向不可能完成的工作挑战。而情商高的人，即使没有在面对"烫手山芋"时主动请缨，也不会说"我做不了"这样的话。

李伟在公司工作多年，虽然没有任何职位，但为人稳重，任劳任怨，得到了公司大多数人的肯定和赞赏。大家都认为，他升职是迟早的事。

有一天，经理得知外地一个小城镇需要公司的产品，便有意选派人员前往。大家都知道这项任务艰巨，纷纷退避三舍，李伟看到这种情况，就主动承担了这项任务。

不出所料，李伟在小城镇接连遭遇挫折。他在该城联系了几家工厂，虽然事先和几家工厂的负责人通过电话，但到那里之后，他发现要和一群素未谋面的人建立信任、达成共识，并签下合同，简直太难了。尽管如此，他仍然详细解说了本公司的产品，还真诚地给那些工厂做赢利分析。

这一天，李伟偶然遇到了一个只有一面之缘的客户，虽然并无业务来往，李伟却准确地说出了对方的名字，令客户大为感动，双方很快签署了合作协议。在这个客户的带动下，有好几家公司也和李伟签了约。当他准备离开小镇的时候，签约的客户已经达到了8家。

经理得知李伟要回公司，不仅亲自迎接，还送上了一份迟到的任命通知。原来，当李伟主动接下这个任务的时候，总经理就决定给他升职了。

很多时候，人们会将眼前的困难放大，尤其面对领导分配的难以完成的任务时。殊不知，这样的任务虽然要求很高，但上司的心理期望值并不高。

此时，如果你习惯性地说"我不行"，领导可能会觉得你真的不行，以后就不会给你派任务了。这样一来，你虽躲避了挑战，但同时也失去了机会。相反，如果你先把工作接下来，然后抱着"这个我做起来有点难，但是我会努力"的心态做事，最后就会有超乎想象的收益。即使完成得不够好，你也不会损失什么。

"只要有无限的激情，几乎没有一件事情不可能成功。"平庸的人喜欢用"不可能"，他们总是说这不可能，那不可能，其结果就是真的不可能了。

如果你想有所作为，就不要拒绝看似不可能完成的任务，应该用一种良好的应战心态，勇于接受挑战。许多事情看似不可能，其实是功夫未到。请记住：只要去做，一切尽在掌握！

【办事心理学】

当困难摆在眼前时，人们习惯性在心理上将其放大，这源于人类逃避的本能。我们要勇于向不可能完成的任务发起挑战，只要功夫到了，总会有所收获。

破窗理论：一放纵就失足

破窗理论是法国经济学家弗雷德里克·巴斯夏提出来的，意思是一扇窗户破损了，如果不及时修理，可能会导致整栋房子倒塌。这与"千里之堤，溃于蚁穴"有异曲同工之妙。

在人性的世界里，缺乏自控力是一种普遍现象。一个人缺乏自我约束和管理的能力，就会像"破窗理论"描述的那样，因为一次放纵而毁掉整个人生。

查理是一家工厂的普通工人，每天按时上班、下班，除了干好手里的工作，他没想过其他事情。后来，工厂因效益不好决定裁员，而查理就是其中一员。一直以来，查理都认为自己会一辈子从事这个工作，现在工作没有了，怎么办？思考之后，他决定创业。

查理用全部积蓄开了一家汽车修理公司。从公司成立的第一天起，他就要求所有员工必须对客户诚信。由于始终把诚信放在第一位，查理的生意越来越好，公司规模也越来越大。

一天，一位员工告诉查理，由于一时大意，他将一个型号不对的零件装到了客户的车上，而且事情发生在几天前，客户并没有发现。查理听完之后，要求该员工立即联系客户，给客户更换正确的零件，并给客户补偿。

对查理的这一做法，大家纷纷表示没必要。原来，这个客户态度很不友善，绝不允许别人犯错，哪怕是一个小错误，也会大发雷霆。如果将此事告诉这个客户，必然惹来极大的麻烦，甚至会失去继续合作的机会。

查理虽然非常理解大家的担忧，但是依然坚持告知客户。原因很简单：公司多年来一直坚持诚信待客，如果这次违背了这个信念，那么就会出现第二次、第三次……最终，公司的信誉就会荡然无存。

最终，查理虽然失去了这位客户，却保住了诚信的信念。许多人听说了这件事，纷纷到查理的公司修理汽车，查理公司的业务得以进一步扩大。

千万不要放纵自己，哪怕只有一次，那也是自毁长城。有过一次放纵，就会产生侥幸心理，进而一步步走向失控，最终，吃亏的是自己。

无论是学习，还是锻炼身体，都要避免破窗理论的不良影响，始终严格要求自己，绝不放纵自我。情商高的人极具情绪掌控力，懂得自我克制，因此更容易言出必行。

【办事心理学】

人们在培养自控力时，要避免破窗理论的影响。一失足成千古恨，不要因为自己一时的放纵而毁掉整个人生。

懂得变通，不要牺牲在牛角尖里

撞了南墙也不回头的人，不是执着，而是钻进了牛角尖里却不自知。人们常说"条条大路通罗马"，尤其是在当今这个瞬息万变的社会，墨守成规的结果往往是什么都做不成。有时候不必太过执着，多一点变通，让生活转个弯，反而会收获更多。

有些人过于倚重经验，虽然经验能够帮助我们规避陷阱，少走弯路，但凡事都有两面性，一旦被过往的经验束缚了头脑，被习惯性的思维关进了樊笼，经验就会成为无法突破自我的枷锁。

做人做事不要太死板，在适当的时候要学会摒弃经验主义，具体问题具体分析。只有这样，我们才能在理性分析的基础上，找到通往成功的有效路径。

高亚所在的乡镇近两年推广苹果种植，由于这里紧靠高速，运输方便，吸引了不少人前来采购。

乡亲们看到采购的人络绎不绝，而且价格也不错，于是一窝蜂地种苹果树，连周围乡镇也刮起了一阵"苹果风"。高亚是最早一批种植苹果树的农户，也确实赚了不少钱，但令人不解的是，这年开春，他把好端端的苹果树全部砍掉，种上了柳树，此举一度成为当地的热点新闻。

"好端端的苹果树真是可惜，换作是我，肯定每天起早贪黑地伺候果树，哪能舍得就这么砍掉，真是可惜！"

"有钱不挣真是傻子一个，高亚这小子就是吃饱了撑的，他自己要砍树，不想挣钱，谁能拦得住。"

......

高亚经常会听到这样的风言风语，但他从不为自己辩解，而是一笑而过。三年后，大家一窝蜂种植的苹果树终于迎来了收获季，但这并没有给乡亲们带来丰收的喜悦。由于苹果产量增长了好几倍，采购价格非常低，但为了避免更大的损失，大多数人都选择了低价出售。

当所有人都为出售苹果发愁的时候，高亚却在喜滋滋地迎接客户，原来他种植柳树是为了编制礼品筐。柳条编制的水果篮独具特色，十分雅致，装好水果简单一包装就是一个特色水果礼包。在各大超市、批发市场，这种柳条编制的水果礼包非常受欢迎。高亚的柳条筐在当地独一份，因此不仅很快售空，还卖出了非常不错的价格。

直到这时，人们才意识到，高亚当初砍掉苹果树不仅不愚蠢，反而是"懂得变通"。大家只知道种苹果赚钱，却没想到一窝蜂种植苹果树只会压低苹果的价格，陷入"种苹果赚钱"的牛角尖无法自拔。

要想获得成功，就要懂得变通，尝试各种不同的道路以及方式。如果一味钻牛角尖，非要在一条不通的路上走下去，结果只能是遍体鳞伤，根本无法到达终点。可是，怎样才能让自己更懂得变通呢？

第一，换个角度看问题。

你百思不得其解的问题，站在旁观者的角度来看很可能只是个小问题，所以当你迟迟找不到解决办法时，不妨换一个角度，转换思维，寻找新的突破口。

第二，学会跳出惯性思维。

惯性思维是导致我们钻进牛角尖的一个重要因素。如果不想被其束缚失去变通能力，那就从现在开始跳出惯性思维，有意识地用新办法解决问题。

第三，辩证性地看待问题。

从哲学角度来讲，任何事物都具有正反两面性，要学会用辩证的眼光看问题，从正反两方面，不同的角度、立场去思考问题。只有这样我们才能懂得变通的意义，才不会被思维困在原地。

【办事心理学】

在错误的路上，越执着的人往往错得越离谱。千万不要被固化的思维束缚住头脑，学会变通，才能更容易找到通往成功的路，收获更加快乐的人生。

怎样形成自律"生物钟"

人类体内有一个生物钟，它与现实生活中的时钟原理相同，都具有报时的功能。不同的是，时钟向人们报出的是时间，而生物钟向人们报出的是该做某件事情的信号。

对一个有午休习惯的人而言，每到午休时间，他的生物钟就会通过犯困、疲惫等生理反应，发出午休的信号；经常锻炼的人，如果没有及时做运动，生物钟会通过心理暗示提醒他该去锻炼了；到了吃饭时间，生物钟会通过饥饿来提醒人们该吃饭了……

生物钟的形成与一个人的生活习惯息息相关，可以说，生物钟就是人类对习惯的记忆。任何事情有规律地坚持一段时间之后，就会形成习惯，并成为生物钟。想要形成自律的生物钟，需要从以下几点着手：

第一，让自律变成一种习惯。

让自律变成一种习惯，这就要求人们在生活中经常使用自控力。比如，当你想向诱惑屈服时，就要发挥自控力的作用，不要给自己任何放纵的理由，必须运用自控力抵御住诱惑。时间一长，就会习惯性抵御诱惑。如此一来，自律就变成了一种习惯。

很多家长认为爱孩子就是满足他的一切愿望。当要求得不到满足，孩子便会大哭，想通过这种方式达成所愿。而家长见到孩子哭，就像是被踩到尾巴的猫一样，慌手慌脚，方寸大乱，毫无原则，什么要求都答应。

时间久了，这样的生物钟就形成了，孩子想要做什么，即便家长不同意，他们知道只要大哭，家长便会乖乖地答应。等到孩子长大了，提出的要求超出你的能力范围时，你又该怎么办？孩子又会有什么样的行为呢？因此，对于任何人而言，让自律变成一种习惯都是非常必要的，因为任何人都不能为所欲为。

第二，针对某一方面培养自控力。

由于每个人的生活轨道不同，可以有针对性的培养自身的自控力。比如，团队领导者除了有明辨是非的能力之外，还必须有海纳百川的度量，即便别人提出的意见具有批判性，也要理性地分析。而客服工作者，则需要培养耐心听取客户投诉的自控力。从事不同工作的人，都要培养不同侧重点的自控力。

第三，不放纵自己，不破坏生物钟。

所谓："千里之堤，溃于蚁穴。"很多时候，好习惯被放弃都是因为一时的放纵。好习惯如果一直坚持，并不会觉得有什么不舒服，可是一旦改变，就很难再恢复。

因此，对于一些好习惯，千万不要随意找借口去破坏。

【办事心理学】

想要形成自律的生物钟，先要形成自律的习惯。一旦习惯形成，就不要给自己找任何借口来破坏这个习惯。

你的"抗挫折"能力有多强

哈佛大学医学家赫伯物·本林认为："当一个人的身心过分紧张时，他的机体免疫能力便会下降。"也就是说，过度的压力和挫折会给人的身心带来创伤。要想生存，要想过得更好，就必须学会应对挫折，增强自己的抗挫折能力。

虽然人们不可避免地要遭遇各种各样的困难，但只要能够鼓起勇气，坚持下去，不自暴自弃，用百折不挠的精神和执着的信念朝着目标迈进，终有一天能够摆脱压力的困扰，成就自己。

自己的路要自己走，不要让逆境毁了自己的前程。每个人的头脑中都应该充满积极的信念，绝不能被挫折击垮，更不要将别人挖苦、嘲讽的话放在心上。挫折不过是人生的组成部分，是攀登高峰时所必须经历的挑战。

美国著名电视节目主持人罗斯如今声名远播，但他的主持生涯也并非一帆风顺的，而是经过多年摸爬滚打，凭借出色的抗压能力，才成就今天的辉煌。

罗斯是一个对自己的未来有明确目标的人，很早就立志于播音事业，积极奔走于各家广播电台，但是很长时间里没人聘用他，原因是男性的声音不能吸引听众。尽管如此，罗斯并没有放弃。终于，他在纽约的一家电台找到了工作，但是，由于观念比较守旧，跟不上时代的需要，不久他就被辞退了。

没有了经济来源，罗斯的生活压力很大，可他始终坚持自己的理想。有一次，他去一家国家广播公司应聘，在与主管的交流中，谈起了对谈话节目的构想，而这位主管对此很感兴趣。而当罗斯准备好节目时，这位主管突然被调离了岗位，离开了广播公司，这无疑给满怀热情的罗斯泼了盆冷水。后来，罗斯再一次走进这家公司，向新上任的主管介绍自己的构想。令人欣喜的是，这位主管也夸赞这是个好主意，答应采用他的方案，不过要求他先在政治台主持节目。

这无形之中给了罗斯很大压力，因为他对政治知之甚少，害怕不能胜任。但多次失败的经历使他的抗压能力极强，他调整好心态，积极准备各种材料，不分昼夜地研究练习。终于，他的节目在第二年夏天开播了。在第一天的节目中，罗斯凭借多年的播音经验、平易近人的主持风格，大谈对 7 月 4 日美国国庆的感受，又请听众打电话发表见解。

这种让听众参与的方式引起了很多人的兴趣，一时间，罗斯主持的节目成为最受欢迎的一档节目。罗斯战胜多次挫折，一举成名。如今的罗斯已经创办了自己的电视节目，并担任主持人，观众达 900 万人之多。此外，他还多次获奖，成为美国电视事业上一颗璀璨的明星。

困难和挫折会削弱人的斗志，让人不愿面对工作和生活。我们有必要锻炼自己的抗挫折能力，减小压力对我们的影响从而释放自己，展现自己。人活一世，就要好好享受生活，享受生命。我们应该学习科学的减压方法，让自己的生活轻松起来。

首先，正确地评价自己，不要把目标定得超出个人的能力范围，根据自身条件，完成可以胜任的工作。

其次，要多与人交流，把内心的压力和烦恼倾诉出来，这样可以释放负面情绪，增强自信心。另外，还要多角度审视自己，挖掘自身的优点以弥补不足。

再次，我们应认识到应对挫折的能力可以分解为四个关键因素：控制、归属、延伸和忍耐。控制是指认清自己改变局面的能力；归属是指承担后果的能力；延伸是指对问题大小及其对工作生活其他方面影响的评估；忍耐是指认识到问题的持久性，以及它对你的影响会持续多长时间。

【办事心理学】

一个人抗挫折能力越强，心理素质就越好，成功的几率也就越大。提升个人情商，有助于培养良好的心理素质与抗挫折能力。

Chapter 03 这些事，要抓紧去办

缺少行动的梦想，永远都是妄想

人们之所以有拖延的不良习性，是因为担心一旦开始行动，各种麻烦就会接踵而至。遇事抓紧去办，寓信念于行动，才能重获快乐自由的人生。

无论目标多大，先把眼前的事做好

情商高的人懂得用明确的目标约束自己，并专注于当下。制定目标可以指引前进的方向，但是任何事情想取得成功，都要经过一点一滴的积累。无论做什么事情，都要从眼前做起，将眼前的事情做好，才能为将来奠定成功的基础。

中国科学院院士侯建国曾被问及"如何取得如此大的成就"，他这样回答："首先要有长远的目标，并且努力把眼前的事情做好。只有把眼前的事情一件件做好，才能聚沙成塔，集腋成裘。"

想在任何一个行业有所成就，都需要持久的努力，需要一步一步地积累。成功离不开伟大的目标，也离不开为了达到目标坚持不懈的努力。把握当下，只有将眼前的工作切实完成，才能成就最终的梦想，否则一切都是空谈。

周洋想创办一家广告公司，于是他应聘到一家知名广告公司做策划，希望通过在广告公司的学习，为自己以后创业打基础。在进入公司以后，他认真观察各个部门主管的工作状况，记录他们如何向下属安排工作，学习他们如何与上司、下属沟通，但是本职工作却被放在了一边。他的本职工作虽然没有出什么大问题，但是也乏善可陈。

经过一年的"学习"，周洋觉得自己已经完全掌握了广告公司的经营方法，于是他向公司递出了辞呈。对于这个工作不踏实的员工，公司也没有挽留。他离职的时候，策划部主管将他叫到办公室，询问为什么工作一年就离职。

周洋告诉主管自己创业的打算。听完周洋的想法，主管说："以你现在的能力还不适合创业，广告公司各个部门工作的细节你并不了解，各部门如何衔接你也不明白，而且，最基本的策划你也无法胜任，贸然创业，恐怕很难成功。"

周洋并没有把主管的话放在心上，租了一间办公室便开始了自己的创业之旅。虽然他竭尽全力，但是公司却始终无法正常运转，仅仅维持半年，就宣告结束。

周洋确实有明确的目标，但却没有踏实的态度，他不明白目标需要一步一步来实现，好高骛远换来的只能是失败。其实，很多取得成功的人能力并不出众，他们只是把眼前的事情当成了最重要的事情来完成。

有太多人不屑于眼前的事情，认为这些事情都是小事，自己是干大事的人，应该有更大的成就。但是他们忘了，任何一件大事的成功，都是由一件件小事累积而成。就像金碧辉煌的宫殿，是由一砖一瓦堆砌而成的一样。眼前的一件件小事就是我们实现最终成就的"砖瓦"，无视这些"砖瓦"，也就失去了成功的基础。

是否能够专注于眼前的小事，既是工作能力，也是工作态度。心怀远大的梦想值得称赞，但不能滋生好高骛远的心态，必须脚踏实地的做事。不忽略眼前的小事，才能把大事做成。

"合抱之木，生于毫末；九层之台，起于垒土；千里之行，始于足下。"如果没有认真做好当下的觉悟，就不可能抓住未来、迈向成功。只有一点一滴地积累，才能厚积薄发。

【办事心理学】

大处着眼，小处着手，无论目标定得多大，都要从眼前做起。工程再大，只要着眼当下，一点一滴地积累，就能顺利完工；目标再小，不肯迈出第一步，也不会有实现的可能。

为什么做事只有三分钟热度

人的精力和时间是有限的，在有限的时间里，用有限的精力做很多事情，结果就是每件事都只能做一点点。这一点点意味着什么？不是博学多才，而是一事无成。相反，在有限的时间里，用有限的精力去完成一件事情，就很容易在这件事上取得成功。

很多人说，自己做事只有三分钟的热度，不能长久地坚持下去。难道是他们天生没有耐性，喜欢半途而废吗？当然不是，导致这种局面有多种原因。

原因一：专业训练不够。

当我们还是孩童时，大脑神经联结处于初级发育阶段，所以行为总是很搞笑，天真动作的背后是大脑神经的自由发挥。到4～5岁的时候，我们出现冲动的意识，连接大脑的冲动控制回路进入快速发育阶段。到十几岁时，已经完全具备了冲动和控制冲动的能力。此时，对孩子进行干预，提高孩子的自控能力，对其一生会产生积极的影响。

当一个人的控制力未受训练或是训练不够时，言行举止和思维习惯会处于无规律状态。此时，人的思维、毅力必定脆弱，无法将一件事情坚持到底。为此，我们必须从点滴做起，多磨炼自己，凡事坚持有始有终。

原因二：任由思维海阔天空地行走。

思维开阔固然是好事，但是当人们专注于一件事时，还是应秉持"两耳不闻窗外事，一心只读圣贤书"的原则，避免过多的信息干扰自己。

急躁、脾气暴的人会被视为情商低，他们在人际交往中通常不受欢迎。有良好修养的人，不会上蹿下跳，说话、办事有条不紊，条理清晰。他们时刻注意自己的心态，不给自己太大的压力，只将精力集中在一件事情上，闭口不提除此之外的其他事情。

原因三：不给自己留退路。

遇到瓶颈时，想要放弃的想法会疯狂地滋长，此时所有的退路都冒出来了，比如"休息会儿吧、就一会儿、休息十分钟"。路看似不会产生严重的后果，其实不然，看上去再可行的退路都会断送掉目前的大好前程。因为只要你选择其中一条后路，心中紧绷的弦儿就松了。这一松，人们便会发现半途而废的舒服，便再也无法集中精力做好一件事了。

【办事心理学】

无法支配自己的人，很难获得成功，忽而放纵、忽而激昂，只能说明他不是命运的主人。

驱除内心的无力感

受够了"朝九晚五"的枯燥生活，却没有改变现状的勇气；想辞职创业，却不知道从哪里做起；渴望变身行业精英，但是想到需要付出的艰辛努力，顿时灰心丧气……

当目标与现实之间存在巨大差距时，人们会不由自主地生出一种"无力感"，无力改变现状，无力达成自己的目标，于是不知不觉陷入"抱怨"、"消极"的负能量怪圈。事实上，扼杀我们的往往不是残酷的现实，而是内心深处盘踞的"无力感"，它才是导致我们畏首畏尾、自卑、拖延的罪魁祸首。

阿森从小到大都是大家公认的好学生，他凭借自己的努力考入了竞争十分激烈的法律名校。毕业后，他在同学们羡慕的目光中进入一家颇有声望的律师事务所。那时候，他豪情万丈，憧憬着自己成为律师事务所合伙人的美好未来。

理想很美好，但现实很残酷，阿森在面对各类纷繁复杂的案件时常常感到非常无力。他想掌控全局，但常常是焦头烂额、疲于应付。久而久之，他的心理负担越来越重，直到他感觉自己再也无力背负这种沉重的心理负担了，索性让自己放松下来，于是便患上了严重的"拖延症"。

在外人眼中，阿森每天都很忙，但只有他清楚自己什么也没有做成，忙碌只是故意制造的假象。因无力改变现状而惧怕失败，因恐惧失败而导致拖延，每当庭审日期临近时，阿森就会陷入极度恐慌之中。因为他已经没有时间写案件小结了。

对此，阿森深感自己就像一个骗子，沉重的负罪感压得他无力喘息。再回想自己初入职场时的豪情壮志，他不无感慨地反省道："我最大的追求就是成为一个伟大的律师，但是我的时间似乎都花在了担心自己能不能成为伟大的律师上，而不是实实在在地去做事。"

从心理学层面来讲，一旦内心生出无力感，主观能动性就会大打折扣，行动积极性也会随之大大降低。没有了行动的有力支持，任何目标和理想都会变成"镜中花""水中月"。

那么，我们为什么会被"无力感"困扰呢？其实，这是"恐惧"、"害怕"的心魔在作祟，现实和目标相差那么远，很难实现，所以我们被自己臆想出来的"困难"吓坏了、打败了。

人前进的动力主要来自对未来的期待、对成功的向往，如果不能克服对未来的恐惧之心，那么将失去前进的动力，在"无力"改变现状的纠结中苦苦挣扎，甚至陷入自责、愧疚的深渊无法自拔。

一个人想要成功，必须暗示自己能成功，并战胜内心的"无力感"。那么，究竟怎样才能祛除内心的这种"无力感"呢？

第一，直面现状。

人们之所以会有"无力感"，很大程度上是由于对"现状"不满。比如，穷人对贫穷的现状越是不满，就越想一夜暴富，幻想中的暴富与现实中的贫穷，两者巨大的差异会让人更加消极、挫败，从而产生无力改变现状之感。要想赶走内心的"无力感"，首先必须坦然面对现状，接受现实中的自己。

第二，适度期待。

人们常说"心比天高，命比纸薄"，越是妄想一步登天的人，其命运越曲折、悲凉，这种说法并非没有道理。从心理学角度来讲，当我们所制定的目标远远超出自身的能力时，就会产生严重的挫败感，从而变得消极，最终只会一事无成。

因此，制定目标一定要合理，对未来的期待要适度。此外，也不要过于看重结果，人生本就是一场旅行，前方的目标固然重要，但也不要忘了欣赏沿途的风景。

【办事心理学】

一个人的能力可以靠后天努力和学习提高，内心的"无力感"并不可怕，只要不断提升自身的能力，总有一天会战胜它。

战胜思维惰性，培养主动精神

本来昨天就应该完成的工作，结果犯懒拖到了今天；早就打算去探望国外的亲戚，可总不能顺利成行；上周末就该大扫除，结果都到这周末了，依然不想做……几乎人人都有过类似的拖延经历，其实，这是"思维惰性"在作祟。

懒惰是人性的组成部分，在潜意识里，人都是好逸恶劳的，表现出来就是各种各样的拖延症。从心理学角度来讲，拖延往往会让人背上沉重的心理负担：悔恨、愧疚、压力、烦躁、不安……如果想远离这种糟糕的状态，就必须战胜思维惰性，养成主动行动的好习惯。

秦勇在周一上班的路上，就做好了一天的工作规划：上午做月度总结，下午草拟下个月的财务预算。

9点，他准时到达办公室，打开电脑登录QQ，自动弹出的腾讯新闻中有一条很有趣的消息，他情不自禁地点开阅读，不知不觉就看了20分钟。好不容易要开始写月度总结了，却发现办公桌上堆满了文件，杂乱无序的办公桌十分影响心情，于是他又花了十几分钟收拾桌面。

月度总结好不容易开了头，一个投诉电话打过来，秦勇又放下手头的工作开始处理投诉。等处理完投诉已经11点多，马上要吃午饭了，他想反正月度总结也写不完，索性看看网页……

结果一整天过去了，早上计划做的工作还处在搁置状态中，只能等第二天上班再做了。

其实，秦勇的工作状态是很多职场人的真实写照。拖延已经成了当今职场人的通病，而克服拖延却十分困难。

要想战胜心理惰性，彻底摆脱拖延症，必须先了解造成拖延的因素。相关研究者认为，最可能引起拖延的心理成因有四点：对成功信心不足、讨厌被他人委派任务、注意力分散且容易冲动、目标与实际的酬劳差距太大。

那么，怎样才能远离"拖延"，养成积极主动的行为习惯呢？

第一，坚决不逃避。

随着移动互联网、智能手机、平板电脑等快速普及，人们消遣方式越来越多，越来越方便。当遇到难以解决的问题，面对枯燥无味的工作时，人们常常会本能地选择逃避，而网络所提供的各种娱乐，就成了人们躲避的"乐园"。

逃避不能解决问题，只会让问题更严重，所以不管面对怎样的困难和挫折，都要勇敢面对，要用强大的意志力战胜惰性，戒除拖延。

第二，要立即行动起来。

如果人总是处于空想或思虑状态，那么自然会变成"思想上的巨人，行动上的矮子"。在现实生活中，空想与拖延往往是一对双生姐妹花，如果做事总是瞻前顾后，前怕狼后怕虎，那么行动难免拖拖拉拉。

提高行动力是战胜思维惰性的一个有效办法，我们不妨有意识地强化"行动"观念，以免被毫无根据的"空想"、"幻想"阻碍行动。

第三，要培养探险意识。

"好奇心"是人们行动最原始的驱动力，我们要保持对新鲜事物的好奇心，有意识地培养勇敢、无畏的探险意识。为此可以有针对性地参加诸如跳伞、蹦极、攀岩等有探险性质的活动，这有助于我们养成"迎难而上"的行动习惯，对克服思维惰性，改变固化思维有很大帮助。

【办事心理学】

正如莎士比亚所说，"放弃时间的人，时间也会放弃他"。如果不能战胜思维惰性，那么等待你的将是无休止的拖延和没有止境的恶性循环。从今天开始，告别得过且过的拖延生活，主动行动起来吧！

行动力是拖延的大敌

任何事情，如果你选择立即行动，就不会有拖延的现象，也就不会产生各种不良情绪。

事实上，拖延是一个非常可怕的习惯，任何一个有拖延习惯的人，他的状况只会变得越来越糟糕。因为拖延，不仅使原本的任务完不成，还会积累新任务。如此这般面对越来越多的工作，任何人都不可能平静，各种不良的情绪也就乘虚而入。

因此，一定要杜绝拖延，而杜绝拖延最好的方法，就是有效的行动力。机会往往稍纵即逝，因此当机会来临时，需要立即行动起来，而不是拖延。无论什么时候，只要你被拖延束缚住，"立即行动"都是最有效的解救方法。

安东尼·吉娜是哈佛艺术团的学生，她多次表达过要在大学毕业后去一趟纽约百老汇。有一次她说这句话时被她的心理老师听到了，心理老师就问她："为什么要毕业之后？毕业与去纽约百老汇有关系吗？"

安东尼·吉娜想了想，说："那就一个月之后去吧，我准备一下。"老师接着问："需要做什么准备呢？要一个月的时间。"安东尼·吉娜再一次妥协："那我下周就去吧。"安东尼·吉娜本以为这下老师该没有意见了。没想到，老师又问："为什么要等一个星期呢？为什么不是现在呢？"

就这样，安东尼·吉娜简单收拾了一下，第二天便飞到了纽约百老汇。当时，百老汇的制作人正在挑选一场经典剧目的演员，安东尼·吉娜经过一番角逐后，顺利入选，登上了自己向往的舞台。

很快，安东尼·吉娜成了纽约百老汇的新起之星。当别人问及她成功的经验时，她只说了一句话："我的成功得益于立即行动。"

我们有很多有价值的想法都因为拖延而不了了之，想要改变这种状况，唯有立即行动。意大利著名无线电工程师马可尼曾说："成功的秘诀就是培养迅速行动的好习惯！"事实上，这也是许多成功人士克服拖延的秘诀。

第一，制定一个计划表。把一项大任务分解成若干小任务，并将每个小任务安排好先后顺序。

第二，对于每个任务都限定时间，必须在规定的时间里完成。

第三，灵活安排紧急工作。事有轻重缓急，对于一些急需处理的工作，优先处理，将其他不紧急的工作推后处理，这样做也是提高效率的方法之一，并不是拖延。

第四，高效人士讲究劳逸结合，他们高效工作、学习的同时也会妥善安排自娱自乐的时间。等到任务圆满完成后，给自己一段放松的时间，做自己想做的事情，比如：听音乐、看电影、逛街等等。

【办事心理学】

克服拖延的最好方法就是马上行动起来。不管有多少事情需要处理，都不要焦躁、拖延，不要为拖延找任何借口、任何理由，无论什么都不能阻止你立即采取行动。只有立即行动，才能更快达成目标，才能更好地实现自身价值，才能保持最佳的精神状态。

成功人士的时间管理术

时间是人生最宝贵的财富，情商高的人知道时间的重要性，将时间视为生命。他们不会说"等一会儿再做"，更不会说"明天再做"，而是说"现在就做"。

重要而紧急的事情必须抓紧去办，这样才容易把控好进度，并在短时间内看到效果。在情商高的人眼里，任何浪费时间的行为都是慢性自杀。如果你想成为高效能人士，首先要懂得珍惜时间，管理好时间。

本杰明·富兰克林是科学界的泰斗，曾获得哈佛大学的荣誉学位。

有一位年轻人提前约好时间，准备登门拜访。到了约定的时间，年轻人很守时地来到了富兰克林家。只见房门是打开的，屋子里乱七八糟的。富兰克林看到年轻人之后，说道："你现在看着时间，请给我一分钟。"

说完，富兰克林关上了房门。一分钟之后，房门打开，房间已经收拾得非常整齐了。随后，富兰克林将年轻人请进屋里，递过来一杯红酒，说道："喝完你就可以走了。"

年轻人有些摸不着头脑，他想请教的问题还没问呢，怎么就让他走呢？富兰克林笑了笑，说道："你想请教的问题，我已经给你答案了，不是吗？"年轻人略加思索，明白了。

年轻人谢过富兰克林，离开了。后来，这位年轻人也成了一名科学家。那么，富兰克林到底给了年轻人什么答案呢？原来，富兰克林用自己的实际行动告诉年轻人：不要小瞧一分钟，一分钟可以做很多事情。年轻人在得到这个答案之后，倍加珍惜时间，并取得了很多成就。

这件事让我们明白，任何取得成功的人无不是珍惜时间的人，唯有把握好时间、管理好时间，才能不断取得成功。这一点，许多成功人士已经用事实证明了。那么他们是如何管理好自己的时间的呢？

第一，养成提前制订计划的习惯。

每天需要处理的事情太多，如果不提前做好计划，一定会感到混乱无比，手忙脚乱。如此一来，必然会浪费很多宝贵的时间。如果提前做好计划，安排好每件事情，那么一切都会有条不紊，效率会大大提高。

第二，做到"今日事，今日毕"。

做任何事情都要坚持"今日事，今日毕"，绝不拖延到明天，千万不要放纵自己养成拖延的坏习惯。无论遇到什么困难，都要想办法解决不要找借口，不要一拖了之。

第三，注重办事效率。

"提高效率"是另一种意义上的珍惜时间。如果一个人看起来很忙，把别人喝咖啡的时间都用在了工作上，然而效率太低，这仍旧不值得夸赞。

人与人之间的学识、素养有时相差并不大，有的人之所以有所成就，是因为有科学的时间管理术。懂得时间的宝贵，充分利用好有限的时间，会改变你的命运。

【办事心理学】

一寸光阴一寸金，寸金难买寸光阴。时间是最宝贵的财富，它存在的意义，就是为了让人珍惜眼前的分分秒秒。如果我们不珍惜时间，那么随着时间的流逝，梦想就会一点点枯萎，生命的意义也会随之丧失。

Chapter 04 这些事，要拼尽全力

渴望更大成功的时候，要有更刻苦的准备

许多人一事无成的重要原因在于其努力程度不够。做事拼尽全力，就会有更大的胜算，以及意想不到的收获。对每个人来说，努力是一辈子的事。

做事的态度决定事业的高度

做事的态度决定事业的高度，用积极的态度做事，会更加从容。还没开始做事情，你就认为它不可能成功，那么它当然就不会成功；或者做事情时三心二意，马马虎虎，那么事情也不会有好结果。

从某种意义上说，态度是决定事业高度的前提。如果你对待事情的心态不端正、不积极，那么结果就可想而知。

英国首相玛格丽特·撒切尔夫人是一位态度非常积极的人，这与她从小受到的"残酷"教育有关。

玛格丽特·撒切尔出生在一个不起眼的小镇，父亲对她的教育非常严格。父亲告诉她，无论做什么事情，都要争当第一，永远要跑在其他人前面，不要输在起跑线上，不能落后于人，就连坐公交车都要坐在前排。在父亲严厉的教导下，玛格丽特在学习和生活中，事事争当一流。

上大学时，她成绩非常出色，用一年的时间学完了五年的课程。与此同时，她还兼修体育、音乐、舞蹈等课程。1979年，她出任英国首相，成为政坛上耀眼的一颗星。

人生会因为积极向上而变得更加多姿多彩，那么，我们应该树立怎样的做事态度呢？

态度一：树立积极向上的人生态度。

积极向上的人生态度是成功的基础，无论成功与否，一定要有积极的态度。在做一件事情之前，要对自己和工作有清晰的认知，你的做事态度很可能是决定你成功与否的关键。目标是前进的动力，无论做什么事情都要有明确的目标。在目标的指引下，树立积极向上的态度，不断努力，就更容易获得成功。

态度二：正视自己，以平常心面对失败与成功。

世界上没有完美无瑕的人，要学会正视个人的优势和劣势，端正态度，不要过高或过低地评估自己。我们要做到胜不骄，败不馁，切勿在成功时得意忘形，失败时一蹶不振。

态度三：学会交际，学会自我管理。

任何人都不是孤立存在的，所以，我们要学会交际，建立自己的朋友圈和关系网。此外，我们还要学会自我管理，管理自己的时间，管理自己人生的每一个阶段，这样才能在成长过程中不断进步。

态度四：永远坚强乐观。

人生最大的意义莫过于快乐。当你遇到挫折时，要学会坚强乐观地面对一切。忧伤和困难总会过去，阴霾终将散开。不妨换个角度，换条路走，也许会有不一样的结局。你所经历的苦难终将成为你人生中宝贵的财富。情商高的人有一个共同点，即积极乐观地面对人生，面对一切。凭借这种积极的人生态度，他们才有了不菲的成就。

从此刻起，不要再羡慕他人，正视自己，端正人生态度，为明天，为自己，奋斗出一片新天地吧！

【办事心理学】

态度决定事业的高度，成大事者，必然积极向上，坚韧不屈。从现在开始，积极乐观地面对人生，每一份付出都会有回报。

逾越"心理高度"：不要给自己设限

心理学领域有一个著名的跳蚤试验：将跳蚤放置于容器中，盖上一个透明玻璃板，一拍桌子，跳蚤就会受惊跳起来碰到玻璃板；反复几次后，它的跳跃高度会降低并不再碰撞玻璃板，此时即使拿走玻璃板，它也不会跳出容器。

跳蚤善于跳跃，之所以拿掉玻璃板后它也跳不出容器，并非因为它跳不高，而是因为它给自己"设了限"，便再也突破不了这个限制了。

其实，人又何尝不是如此呢？在屡次碰壁后，我们也会出于自我保护的本能，在潜意识中给自己设限，并暗示自己：一定不能越雷池一步，否则就会受到伤害。一旦给自己设限，哪怕能力再大、水平再高，最终也难以突破自己。

一家企业为了丰富员工的业余生活，增强其身体素质，专门组织了一场长跑比赛，起点是企业正门口，终点则是50公里外的公园门口。

赛程一出，大家开始七嘴八舌地议论：

"天啊，整整50公里？我们又不是马拉松运动员，怎么可能完成？"

"所有人都要参加吗？好担心自己跑到半路就不行了，能不能请假？"

"谁提议的要组织长跑啊？50公里，这不是明摆着要命吗？"

"50公里，反正我跑不到终点，爱怎样怎样吧！"

到了比赛这一天，哨声一响，大家纷纷出发。尽管大家看起来争先恐后，热情高涨，但谁也不相信自己能坚持到终点。8个小时过去了，绝大多数人退出了比赛，只有一个小伙子成功到达了终点。

当举行领奖仪式时，很多员工想知道这个小伙子为什么能坚持到最后。原来，他是新来的实习生，上班第一天就遇到长跑比赛，事先根本不知道要跑多远。由于和老员工零交流，所以恰好没有被大家的消极言论影响。

所谓"无知者无畏"，他在赛跑线路标示牌的指引下，一路前进，最终成功到达了终点。

如果你从一开始就认定"这是不可能完成的任务"，那么就算使尽浑身解数，也无法完成它。相反，如果没有给自己"设限"，那么逾越心理高度就没什么困难，成功也会变得很简单。

人们总会在社会规则、惯性思维等的影响下，不知不觉地给自己设立各种各样的"限制"。如何打破这些限制，离成功更近一些呢？

第一，扭转失败的消极观念。

每个人在遭遇失败、受挫、碰壁时，都难免失落、沮丧。这时，一定要扭转消极观念，千万不要因为失败了几次，就灰心丧气放弃前进。失败是成功之母，越是失败，就越要扭转失败所带来的消极观念，这是迈向成功的心理基础。

第二，保持乐观积极的态度。

成功学大师拿破仑·希尔曾说："积极的心态是心灵的健康和营养。"乐观积极的态度不仅能够帮助我们战胜失败后的沮丧，还能给我们带来无穷的力量，进而将反败为胜的雄心发挥到极致，把潜能淋漓尽致地释放出来。保持乐观积极的自信姿态，少给自己设限，才能更轻松地越过心里的那道"坎"。

第三，不要被负面舆论影响。

人是社会性动物，容易在不知不觉中受到周围舆论的影响。在人人都指责你错了的时候，就算你坚持的是真理，也会忍不住动摇。如果整天处在负面舆论中，那么即便是再大胆、再有能力的人也会逐渐被同化。因此，要有意识地远离负面舆论，减少它们对自己的不良影响。

【办事心理学】

一个人有了积极的状态，就更容易吸引财富、成功和快乐，并保持身体健康。在生活与工作中，我们要明确自己的职责，以不断超越的精神突破自我，如此一来，人生必然会有根本性的改观。

走出自己的思维舒适区

早在 1908 年，心理学家罗伯特·M. 耶基斯和约翰·D. 道森就曾做过关于"舒适区"和"最佳焦虑区"的心理学实验。

实验结果显示：相对舒适的状态可以使人的行为处于稳定水平，从而获得最佳表现，但"舒适感会消灭生产力"，一旦因期限和期望所造成的不安和焦虑消失，人们往往会活得心安理得，从而丧失学习新技能的干劲儿，工作效率降低激情消退。

"生于忧患，死于安乐"，如果一味贪图"舒适区"的安全感，不思进取，得过且过，那么迟早会被激烈的职场竞争淘汰出局。要想避免"温水煮青蛙"的悲惨命运，就必须走出"舒适区"，到"最佳焦虑区"锻造自己，挑战自己。

所谓"最佳焦虑区"，即压力略高于普通水平的空间。从心理学角度讲，如果你想保持"高效率"，就必须借助压力和适当的焦虑来督促自己。

3 年前，王琦是一个木讷的程序员；3 年后，他摇身一变，成了互联网行业颇有名气的投资人。他的传奇经历，是朋友们津津乐道的话题，那么究竟是什么促成了王琦的重大转变呢？

编写计算机程序并不是一份轻松的工作，但随着工作经验的增加，王琦从一个职场菜鸟逐渐成为一名资深"码农"。工作上不再有挑战，薪资虽难提升但还算优厚，尽管没有升职空间但很稳定，自从成为"熟手"，王琦的整个工作状态就进入了"舒适区"，没有任何危机感和焦虑感。

人一旦习惯某个职业环境后，就会出现环境依赖症，久而久之就会丧失"跳槽"或"离开"的勇气，因为不管是辞职还是转行都是"舒适区"之外的东西，是不确定的，是危险的。王琦在公司工作长达 6 年后，要做出离职的决定是十分艰难的。

是继续做一个编程员，安安稳稳地工作，舒舒服服地生活，还是放弃现有职业，投身一个完全陌生的领域？是选择稳定收入，还是去风险中寻求更大的发展机遇？离职后去做金融投资万一失败了怎么办？家人会支持我转行吗？

一边是令人心动的新机会，一边是稳定舒适的旧生活，当两条路摆在面前时，王琦非常纠结。经过长达两个月的思想博弈后，他最终决定离职，并跟随一位亲友转战金融投资领域。

尽管在刚刚进入投资领域时，遭遇了很多挫折和挑战，但回想起那段经历，王琦十分感慨地说："事情一旦干起来了，就会发现远远没有想象中那么困难。如果当初没能走出'舒适区'，没有做出改变，那么今天我肯定还是3年前那个木讷的程序员。"

第一，有意识地做点不同的事。

沉湎于"舒适区"多半是由过于单一、封闭的环境造成的，所以不妨有意识地做些与众不同的事情。比如，换一种工作方法，去陌生的餐馆吃饭，学习一项新技能，参加陌生的户外活动……这些改变看上去微不足道，但只要长期坚持，就必然能够在"改变"中找到新视角，从而开阔视野，增加心理上的隐性收益，并最终为我们走出"舒适区"提供精神动力。

第二，开放自己的头脑。

"井底之蛙"之所以会自我感觉良好，是因为它的视野只有那么大。没有看到世界的全貌，没有看到其他领域的诱惑，我们自然甘于在"舒适区"中过安全的日子。想改变这种状况，就必须要让自己产生离开"舒适区"的动力，因此必须开放自己的头脑，可以多参加各类聚会，多了解不同的职业状况，多听听周围人的建议，运用头脑风暴法增加自己的思维广度等。

【办事心理学】

即使不创业、不转行，也要走出"舒适区"，像企业家一样思考，而不是固化于员工式的思考。因为只有离开自己的舒适区，我们才会被迫去奋斗，去前进，进而取得意想不到的成绩。

成功的背后是超强的意志力

为什么晚上哈佛大学的自习室和图书馆灯火通明？为什么写字楼里的管理者彻夜不眠？为什么销售人员能够坦然接受繁重的市场任务？……因为他们拼搏进取的背后是超强的意志力。

意志力是决定达到某种目的而产生的心理力量。它能在你想要放弃的时候，迫使你不放弃，坚持到底，它能让你摆脱一切拒绝克服困难的借口，勇往直前。

科学家对一批 3 岁至 10 岁的孩子进行追踪，了解他们的意志力。很多年之后，科学家根据这些孩子的家庭、事业、生活水平等，分析出一个人的成功与意志力的关系。

结果表明，那些具有超强意志力的孩子都取得了成功，而那些意志力薄弱的孩子则一事无成。此项研究说明："影响成功的最重要的因素并不是智力，而是意志力。"

人的一生总会遇到意想不到的困难，或来自家庭，或来自外界，或来自自身。这些困难并不能靠一时的勇气解决，而需要用耐心和智慧解决。这就要求我们要有超强的意志力，坚持不懈。

营销专家赫伯特·特鲁曾统计过美国电话推销员的推销情况。他发现，推销员给陌生客户打电话时，第一次通常会被对方拒绝，甚至挂掉电话，这时，会有 50% 的推销员选择放弃这位客户。

有 25% 的推销员会在第二天再次给客户打电话，这一次如果对方还是没有兴趣，他们就会放弃。

有 10% 的推销员会坚持到第 3 次被拒绝后放弃，还有 10% 的推销员会坚持到第 4 次被拒绝后放弃。至此，有 95% 的推销员在给客户打过4 次电话依然被拒绝后放弃了。仅有 5% 的推销员在被拒绝 4 次之后，依然坚持联系客户。

结果表明，这仅有的5%的推销员通常是营销高手。对此，赫伯特·特鲁分析道："数据显示，陌生的客户通常在接到6次以上的推销电话时才会考虑是否购买他们的商品。"

也就是说，有95%的业务员在客户还没有对自己的产品产生印象时便放弃了。之后，他们不断重复前面的过程。而仅有5%的推销员有机会让客户对产品产生印象，并列入是否要买的序列之中。最终，这5%的业务员凭借顽强的意志力，坚持到了最后，获得了机会。

很多时候，成功需要的就是这么一点意志力。人生犹如一条街道，如果我们总是被街边的风景迷住，停停走走，最终只能迷失自己。相反，如果心无杂念，集中精力，坚定不移地朝着终点前进，就会发现成功并不遥远。

【办事心理学】

集中精力不一定能成功，但是不集中精力一定不会成功。很多迷失在路上的年轻朋友，尽管每天的生活都很忙碌，但是并没有什么收获。此时，你需要思考的是：自己的注意力是否被分散了？自己有没有集中精力做一件事？

牢记一万小时的成功准则

20 世纪 90 年代，诺贝尔经济学获得者赫伯特·西蒙，心理学家安德斯·埃里克森，共同提出了"一万小时天才理论"。这一理论告诉人们，"天才"之所以非比寻常，不在于天赋异禀，而在于对某项技能进行了一万小时的训练。

也就是说，进行至少一万小时的专业训练，你就能成为某方面的专家。反过来说，在任何一个专业领域，如果缺少"一万小时"的训练，即使有再突出的先天优势，也无法成为这一领域的领军人物。

一万小时是一段很长的时间，如果每天练习 3 个小时，每周练习 7 天，那么需要 10 年才能达成一万小时的练习量。如果没有超人的毅力，恐怕很难坚持下来。那些成功的专业人士之所以能成为行业领军人物，也可以用"一万小时天才理论"来解释。

你是否因为自己的平庸表现而苦恼？是否因为业绩平平而焦虑？那么，不妨了解一下"一万小时天才理论"，指导自己做出改变，从而在工作中日益精进。

学会一种技能非常重要，无论它多简单。然而，能够持之以恒地努力，成为专家级人士，就不是轻易能做到的了。在漫长的努力过程中，你要忍受寂寞、煎熬和枯燥，当心绪不平的时候，如果没有强大的情绪掌控能力，很难坚持到最后。

披头士乐队是流行音乐界最受欢迎的摇滚乐队，这支来自英国利物浦的乐队成立于 1960 年，此后取得了巨大成功，也赢得了无数荣誉。他们的成功不仅源于他们在摇滚乐方面的创新，更离不开他们的努力与坚持。

起初，这支乐队并不起眼，一个偶然的机会，他们被邀请到德国汉堡演出。在 1960 年到 1962 年间，披头士乐队往返汉堡 5 次，第一次就演出了 106 场，平均每天演奏 5 个小时，第二次演出 92 场，第三次演出 48 场，共 172 个小时。

在 1964 年成名之前，他们其实已经进行了大概 1200 场演出。与现在的乐队相比，这个数字简直就是传奇，频繁的演出锻炼出非凡的唱功，也筑就了披头士的辉煌。正是惊人的努力让这支乐队大放光彩，赢得了世界人民的喜爱。

也许大部分人会认为，披头士的成功主要依赖于 4 个人与生俱来的音乐天赋，但是，他们坚持不懈的练习也是成就辉煌的保证，为他们的演艺道路奠定了坚实的基础。

在任何行业、任何领域，只有坚持练习，让工作技能越来越熟练、专业经验越来越丰富，才能有更大的成功机会，并展示出高超的专业素养。

人生短短几十载，如果不珍惜积累沉淀的机会，而是一味抱怨怀才不遇，或者虚度时光，终将没有长进，更会随着时间的流逝一事无成。一个人的才华和能力都是有限的，唯有勤奋努力的人才能成为行业的佼佼者，在业内站稳脚跟。

机会总是青睐肯努力、有准备的人。扔掉抱怨情绪，抛弃自怨自艾，静下心来投入到工作中去，努力将自己的才华、能力提升到新高度，在自己的岗位上发光发热，你就不是一个平庸的人。

【办事心理学】

不管多么困难的工作，多么难掌握的技巧，只要坚持不懈地磨炼自己，终会有一天达到理想的目标。成功者从来不会对困难屈服，总会坚持自己的理想，想方设法地让自己接近奋斗目标。

激发工作潜能的五大策略

潜能是指人类原本具备却没有被开发出来的能力，也称作潜力，它埋藏于人的潜意识之中，因为个人或外在的条件所限没有得到发挥和运用。每个人只有充分发挥自己的潜能，才能最大限度地利用自己的聪明才智，实现人生的理想和抱负。

日本《朝日新闻》上曾有这样一则报道：一位年轻的妈妈因为与丈夫不和离婚，自己与9岁的小女儿相依为命。母女生活虽然清苦，但每天的日子都过得很快乐，很幸福。

有一天，按照往常的习惯，妈妈一早去买菜，她会赶在女儿醒来之前回来。可是没想到小女孩这一天却提前醒了，睁开眼见不到妈妈，她哭喊着找妈妈……最后，她跑到阳台上，正好妈妈买菜回来。小女孩看见妈妈，欢呼雀跃，大声地叫着。

妈妈看到女儿，担心孩子掉下来，于是大喊："千万不能往下跳"。而9岁的小女孩完全没听到妈妈说什么，也没看懂妈妈的手势，错误地认为妈妈让她跳下来，结果就跳了下来。大家都以为悲剧要发生了，却没想到妈妈在几秒之内跑了100多米，接住了自己的女儿。

事情发生后，整个日本震惊了，很多媒体记者都来采访这位妈妈，这位妈妈说："这是母爱的力量，女儿是我的全部，我必须接住她，否则会后悔一辈子。"在危急关头，外部环境激发了母亲的潜能，挽救了女儿的生命，避免了悲剧的发生。

在工作方面，潜能是指员工以极高的热情和积极性最大限度发挥自己的能力，为企业发展做出贡献。那么，应该如何激发工作潜能呢？

策略一：重视自己的工作兴趣。

兴趣是最好的老师，每个人都有权利根据自己的兴趣爱好选择自己喜欢的岗位。一份自己喜欢的工作，可以充分调动自己的主动性、积极性和创造性。

策略二：培养主动性和创造性。

管理者对员工的赞扬和欣赏在工作中非常重要，每个员工都渴望上司的赞扬和鼓励。在领导的鼓励下，他们会心甘情愿、全力以赴地去工作。这不仅仅包括一些口头上的表扬措施，还包括一些物质上的奖励，如升职加薪等等。

策略三：以企业文化为核心，培养员工的认同感。

每个企业都有自己的特色，企业文化是企业赖以生存的前提和基础。优秀的管理者懂得把企业文化融入每个员工的价值观中，使其认知到企业文化也是以员工为本的文化。在发展企业文化时，增强员工的认知和融入，能使企业更好、更快地发展。

策略四：责任到人，培养其敬业的态度。

用人者可以建立相应的员工责任制度和考核机制，每季度对员工的综合素质予以评价，优秀者予以鼓励，反之则予以鞭策。每个人的职位在工作中都起着至关重要的作用，完成自己的本职工作，才能更好地走在其他人的前面。

策略五：坚持教育培训，促进员工的成长和进步。

领导在管理公司和员工时，要定期地对员工进行职业培训。企业需要什么，需要员工怎么做，就应当给员工提供相应的理论和技术知识培训。领导要时刻关心他们，搭建企业和员工沟通的桥梁，尊重知识，尊重人才，促进企业和员工的共同成长和进步。

经济的发展和社会的进步，对每个人提出了更高的要求。对管理者而言，激发员工潜在的素质和能力，对企业的发展至关重要。好的员工也需要伯乐的引导。一个优秀的企业需要精明的管理者，激发员工的潜能，为企业谋取更大的福利。

【办事心理学】

每个人的潜力都是无限的，没有做不到，只有想不到。

你认为不值得去做的，事实上也无法做好

人们常说，鞋子合不合适只有脚知道。在生活中，常会有方方面面的比较，应不应该和值不值得便成为了我们是否做一件事的衡量标准。

比如初入职场，由于经验不足，人脉不广，总是会被安排做一些出力不讨好的工作，或者被扔在一个无人问津的小角落。这时你肯定会认为，自己根本不应该花时间去做这些不值得做的事情。

当你不得不做自己认为不值得的事情时，敷衍了事。

人们总是主观臆断一件事情值不值得做，却不考虑自己究竟能否完美地完成它。静心想想，当自己面对一件看似微不足道的小事情时，是否能够很轻松地把它做到尽善尽美呢？

高欣是一名设计师，大学毕业后，应聘到一家建筑公司上班。她常常在公司和工地之间奔波，因为不断进行实地勘察才能避免工程出现错误。这样一来，她非常辛苦。

在设计部，高欣是唯一的女员工，老板曾说这种体力活她可以不参加，但是，为了更好地完成工作，她从未缺席，就算爬很高的楼梯，或去野外勘测，她也从不抱怨。在这件事上高欣做得比许多男同事还好。

有一次，老板下达了一项紧急任务：3天之内给客户制订一套可行的设计方案。几乎所有人都认为，时间太短了，不可能完成，而且也没有额外的酬劳，不值得去做。老板非常无奈，想到高欣平时挺勤快的，最后就把项目交给她来做。

高欣没有考虑这项任务值不值得去做，拿上相关资料就直奔工地。在接下来的3天里，她没有吃过一顿饱饭，没有睡过一个好觉，脑子里想的全是项目，只想着怎么样把它做到最好。遇到不会的东西，她积极查资料，虚心地请教同事。没想到，一开始被大家认为难度太大的项目，最后高欣却完成得很好。

经过这次事件，高欣成了大家关注的焦点。不久，她被老板破格提升为设计部的主管，薪水增加了好几倍。之后，老板在会议上说，不只是因为上次的任务完成得好才提拔高欣，更重要的是，她不会应付上司交代的任务，任何时候都拼尽全力。

工作中不存在任何微不足道的小事，每件事都需要认真对待，努力完成，态度是至关重要的。当你认为一件小事不值得去做时，你可能错过了一个做大事的机会。

很多人有眼高手低的毛病，面对自认为不值得做的事情，他们会找各种理由搪塞。可是，在做一件自认为值得做的事情时，又常常做不好。事实上，每一件大事的成功，都是平时认真做小事积累经验的结果。

【办事心理学】

总是找借口推脱，就会错失良机，忘记自己的职责。所以，与其花时间和精力去判断一件事情是否值得做，不如认认真真做好每件事情，这既是对工作负责，也是对自己的人生负责。

Chapter 05 这些事，要拒绝瞎忙

停止无效努力，让你的付出有回报

成功，是用更有效的方式去努力。很多时候，你不成功，只是因为没找到正确的努力方法。开阔自己的眼界，停止无效努力，少走弯路，你的付出才会有回报。

做事专注更容易取得成功

专注的人更容易成功，这是显而易见的。人的精力是有限的，将有限的精力分散到各处与集中精力于一处，所产生的效果自然不同。

拥有一种专业技能，要比有十种心思更有价值。有专业技能的人随时随地都在专业方面下苦功、求进步，设法弥补自己的缺陷和弱点，力求把事情做得尽善尽美。而有十种心思的人疲于应付，找不到聚焦点，因为精力分散而浅尝辄止，结果大多一事无成。

1845 年，罗丹 5 岁，由于聪明过人，父亲把他送到了离家不远的耶稣教会学校读书。但是，罗丹对宗教方面不感兴趣，而非常喜欢画画。

有一次，大家正在用餐，罗丹发现父亲脚边有一张包装纸，便趴在地上用笔画出了父亲的皮鞋。坐在旁边的哥哥喊道："罗丹，你不好好吃饭，趴在地上干什么？"随后，父亲也忍不住吼起来，并当场让罗丹保证以后好好学习，不再画画了。

从此，罗丹不敢再用包装纸明目张胆地画画了，但是在外面——不管是在马路上还是在墙上，他每天都要画上几笔。

9 岁的时候，罗丹的学习成绩仍然不好。父亲把他送到了叔叔在乡下办的学校读书。在那里，他度过了 4 年光阴，他的绘画天赋让老师感到震惊。

看到罗丹在学习上没有进步，父亲决定让他早点挣钱。"无论怎么学习都不见起色，快去找一份工作吧！免得我白养着你。""不，我要学画画。""学画画？谁拿钱送你去学？能当饭吃吗？"

经过一段时间的准备，罗丹考上了一所工艺美术学校。素描老师看了罗丹的习作后，非常高兴，并耐心地给予指导。素描课结束后，该上油画课了，然而颜料和画布都需要钱，罗丹从哪里弄这一笔钱啊？万般无奈之下，他只好放弃画画，转而学习雕塑，因为雕塑课所需的材料无非是木头和泥土，并不花钱。终于，罗丹成为继米开朗琪罗之后欧洲最有成就的雕塑艺术家。

罗丹的成功源于他的专注以及由此培养的艺术素养。他将自己所有的精力都用在了绘画上，最终成为了一代大师。专注的人心无旁骛，能充分释放个人潜能，因此更容易有所成就。

19世纪法国数学家亨利·庞加莱写道："我想专心研究一些算术问题，可惜进展不大。我感到很沮丧，所以到海边待了几天。"一天清晨，他在海边的悬崖上散步，脑海中突然闪过一个念头："不定三元二次型的算术变换等价于非欧几何变换。"专心的投入终于迎来灵光乍现。

在任何行业，专注做事的人会累积更多的经验和智慧，也会比常人做得更好。他们是业内精英，引领着行业的发展方向。专心投入一件事，并付诸努力，自然会创造出更多有价值的东西。

【办事心理学】

成功的人往往都是专注的人，因为专业的心更容易成就专业的事。当你全心全意地做一件事时，会发现有所成就并不难。

艾森豪威尔法则：分清主次，高效成事

艾森豪威尔法则又称四象限法则，由德怀特·戴维·艾森豪威尔提出，是指处理事情应分主次，根据紧急性和重要性，将事情划分为必须做的、应该做的、量力而为的、可以委托别人去做的和应该删除的五个类别。

德怀特·戴维·艾森豪威尔是继格兰特总统之后，第二位职业军人出身的总统，曾获得过很多个第一。为了应付纷繁的事务，并高效处理，他发明了著名的"十"字法则，画一个十字，分成四个象限，分别是重要紧急的，重要不紧急的，不重要紧急的，不重要不紧急的，然后把需要做的事情分好类放进去，再按主次采取行动，从而让工作、生活高效运行。

很多时候，人们总觉得身边有"时间盗贼"，没做多少事情，一天就过去了。忙忙碌碌，年复一年，业绩却寥寥无几。这是因为你80%的精力去做了只会取得20%成效的事情，做事不分主次必然会导致效率低下。

《大学》有云："物有本末，事有终始，知所先后，则近道矣。"意思是，任何东西都有根本有枝末，每件事情都有开始有终结。明白了这本末始终的道理，就接近事物发展的规律了。做事要认清"本末"、"轻重"、"缓急"，并按正确的顺序行动。

安然是一家公司的秘书，日常工作是撰写、整理、打印材料。很多人认为这份工作单调乏味，但她自己却说能够从中学到很多东西。她说："检验工作的唯一标准，就是你做得好不好，而不是其他因素。"

安然深知做事情分清主次才能出效率，所以她在工作时很注重条理性。虽然工作繁杂，但她做的井井有条。后来，她发现公司的文件存在很多问题，甚至经营运作方面也存在问题。于是，除了每天必做的工作之外，她细心搜集了一些资料，并把它们整理分类进行分析后，写出了

建议。

经过两个月的努力，她把自己的建议交给了老板。起初老板并没有在意，后来老板无意中看到那份建议，读完之后非常吃惊。他没想到这个不起眼的年轻秘书，居然对公司的事情这样上心，有这样缜密的心思，而且她的分析主次分明，细致入微。

于是，老板立即召开中层会议，讨论并采纳了安然的大部分建议。结果，公司的运营效率提高了，挽回了许多不必要的损失。

老板认为公司有安然这样的员工是福气，因此对她委以重任。

如果想提高工作效率，一定要分清主次、轻重、先后，学会抓重点、抓中心、抓关键。高效地做好一件事情，做精一件事情，同样要懂得合理分配时间，利用好最关键的资源，并做到重点出击、重点突破。那么，如何分清主次，提高自己的做事效率呢？

首先，应该将事情归类。把每天要做的事情写在纸上，按照艾森豪威尔法则进行归类：1.必须做的事情；2.应该做的事情；3.量力而为的事情；4.可委托他人去做的事情；5.应该删除的事情。

其次，确定必须做的事情由谁来做。是否必须由我做？是否可以委派别人去做，自己只负责督促？

最后，合理分配时间。高效能人士用80%的精力做能创造更高价值的事情，用20%的精力做其他事情。所谓创造更高价值，即做符合"目标要求"或自己比别人更擅长的事情。

【办事心理学】

运用艾森豪威尔法则，抓主要矛盾、解决关键问题，就能避免把时间和精力花费在次要的事情上，从而提高办事效率。

奥卡姆剃刀定律：把握关键，化繁为简

奥卡姆剃刀定律是 14 世纪由逻辑学家、圣方济各会修士奥卡姆的威廉提出的，即"简单有效原理"。他认为，人们所做的事情大部分都是无意义的，只有一小部分有意义的。所以，复杂的问题往往可通过最简单的方法解决，做事必须找到关键。

你是否常常为一个难以解决的复杂问题而忙得焦头烂额？不妨试着通过简单的方法去解决问题。

简单绝不是一个贬义词，简单思维是指以"简单"为核心的思维方式。从思维科学的角度来讲，它并不是一种低级的思维方式，而是一种特殊的思维方式，能够帮助人们化繁为简，提高办事效率，处理各种问题。

史蒂夫·乔布斯是"苹果"电脑的创始人之一。1985 年，他获得了里根总统授予的国家级技术勋章，1997 年成为《时代》周刊的封面人物，同年被评为最成功的管理者。2009 年，被《财富》杂志评选为十年间美国最佳 CEO，同年当选《时代》周刊年度风云人物。

乔布斯有一套自己的方法学，他热爱美丽的产品，尤其是硬件，但他永远是从使用者的角度着眼，他认为，最重要的决定不是决定做什么，而是决定不做什么。

作为极简主义的信徒，乔布斯的房间里只有一张爱因斯坦的照片、一盏桌灯、一把椅子和一张床。但是，这仅有的几种东西都是经过他谨慎选择的。这种极简思维延伸到苹果产品上，表现为在设计上化繁为简，舍弃多余的元素。

后来，乔布斯被迫离开了打拼 10 年的苹果公司。

1997 年 7 月，在连续 5 个季度亏损后，苹果公司董事会罢免了当时的 CEO，乔布斯临危受命，对奄奄一息的苹果公司进行了大刀阔斧的改组。

他砍掉没有起色的产品线以及新产品降价促销的措施,终于使苹果恢复了元气,重新成为世界的宠儿。

苹果的战略实际上很简单:只要聚焦于制造最好的产品,回报自然随之而来。于是,苹果的每件产品都卓尔不群。在苹果公司的会议上,乔布斯可以懒散地把鞋子脱掉,把脚架在桌子上来回晃动,但是在追求产品品质方面,他奉行简单的完美主义。

简单的解决办法,往往是最实用、最有效的。需要注意的是,乔布斯的"化繁为简",不是乱砍一气,而是在对事物的规律有深刻认识之后的把握关键,化繁为简。

生活中,人们习惯于把事情想得过于复杂,以为所有事都朝着复杂的方向发展。实际上,复杂会造成浪费,而效能则来自于简单。因此,你需要重新审视自己所做的事情和所拥有的东西,学会把握关键,然后运用奥卡姆剃刀,舍弃不必要的内容。

【办事心理学】

"大乐必易,大礼必简。"世界的表现形式虽然复杂,但是解决问题的方法却是简单的。把握住关键,用简单的理念去处理、去化解。

迅速转弯，别在错误里拖延时间

时间就是生命，虽然上帝赋予每个人的时间差不多，但是成功的天使很挑剔，它只让那些充分利用时间的人取得成功，那些浪费时间的人即使天赋异禀，也得不到青睐。

失败的人不懂珍惜时间，将时间视为不花钱的资本，肆意挥霍。事后，他们才会为过去犯下的错误伤心、懊悔，却不会抽出时间思考问题所在，找出解决之法，结果总是在错误里拖延时间。

成功的人时刻在思考如何更高效地利用时间。做事的时候，一旦发现情况不对，他们会迅速转弯，另寻解决之法。他们认为，为那些不可改变的事情劳神伤脑，无异于浪费生命。

陈刚有一个弟弟陈强，两个人相差两岁。大学毕业后，陈刚开始找工作，由于就业压力大，他所学的专业也不热门，他降低了就业标准，尝试过不同行业。但是，他始终没搞清楚自己究竟想做什么。一眨眼两年过去了，虽然陈刚频繁换工作，却始终没有确定的就业方向。

每次重新找工作，他都觉得很迷茫，不知道自己该做什么，总是稀里糊涂地找一份工作，不久又会换工作，如此恶性循环。

这一年，弟弟陈强毕业了，找工作也成了迫在眉睫的事情。起初，他想考研，但是迫于生活的压力，他放弃了这个想法。不久，他找到了一份与专业相关的工作。没干多久，他觉得不适合自己，就辞掉了工作。

与哥哥不同，陈强并没有盲目地寻找下一份工作，而是仔细思考了一番，又审视了一下其他同学的近况。他发现，以自己的条件，找到喜欢的工作很难，于是，他停止继续找工作，报名参加了造价工程的学习。

一年后，陈强成功通过了考核，重新开始找工作。这一次，他的目标更加明确了，不再四处乱撞。很快，他找到了一份满意的工作，并踏踏实实地做了下去。

几年后，陈强已经成了这个行业的资深人士，不但经验丰富，技术水平也很高。而哥哥陈刚的状况则不太好，他依然在频繁地换工作。尽管他毕业多年，但是仍然缺乏有价值的工作经验，每次找工作时都是从底层做起。

时间对兄弟两人是公平的，陈刚消耗了很多时间，却一直在错误里打转转，最终一无所长；而陈强却在错误里迅速转弯，用有限的时间找准了位置，确立了目标并为之奋斗，最终成为有一技之长的实用性人才。

对每个人而言，一天都是 24 个小时，一年都是 365 天。成功的人之所以能业绩卓著，在于他们能及时发现错误并迅速转弯，绝不在错误里拖延时间。最终时间也赋予了他们最丰厚的回报。

当错误发生时，我们要停下来冷静思考，找出问题的根源，汲取经验和教训，并找到解决之法。让昨日的错误成为明日成功的垫脚石，才是充满智慧的做事之道。

【办事心理学】

当错误发生时，与其一味迁就，并因此产生拖延的恶习，不如适时转换角度，另寻出路。迅速转弯，便能避免毫无意义的拖延，由此收获更多！

越加班的人，越不会得到重用

很多人把"天道酬勤"、"付出就有回报"等作为做事理念，认为工作的时间越长，越能证明自己足够努力，因此，他们在努力工作 8 小时之后，还会主动加班，有时候甚至会加班到很晚。

可是，你是否有过这样的感受，即使每天加班很长时间，也很难得到上司一句夸赞。相反，那些每天准时上下班，从来不延长工作时间的人，反而能够得到重用。

郑凯就职于北京的一家 IT 公司，是一位典型的加班族。他每天都要通过延长工作时间，才能完成工作任务。老板也注意到郑凯经常加班，便找他谈话。郑凯便想：老板应该是注意到我很努力，要表扬我。

然而，对于他延时工作的做法，老板并没有给予肯定，反而提出了批评："大家的工作都差不多，别人可以在既定时间内完成任务，你却需要加班才能完成，可见工作效率比别人低。而且，你每天加班，公司有许多资源也在加速消耗。如果你能力有限，不妨考虑重新找一份可以胜任的工作。"郑凯听后非常沮丧。

后来，公司把"禁止员工加班"加到了员工守则中。老板告诉员工，加班不一定会得到重用，公司需要的是能够高效完成工作的人。加班既占用了员工更多的个人时间，还增加了公司的支出，实在是双输的结果。

有人不理解，为什么加班反而得不到重视，出力不讨好，太不公平了。其实，加班不一定代表你努力了，不加班也不代表没有高效工作。聪明的老板不希望员工加班，因为延长工作时间代表工作效率低、缺乏计划性，会削弱企业的竞争力。

美国惠普公司要求员工："当天安排的工作任务，要在有限的工作时间内完成，不要给自己和别人造成额外的负担。"如果只是借助长时间工作来消耗时间或摆出一种姿态，这样不但无法为企业创造效益，还会降低团队的效率。

一个人取得的成就并不由工作时间的长短决定。倘若同样的工作任务，你无法在规定的时间内完成，只能依赖于延长时间，这就说明你个人能力不足。同时，还意味着你没有提前做好规划，缺乏认真做事的态度。

此外，如果工作过于繁琐复杂，超出了你的个人能力，那么你就应该向上司提出建议和修改方案，而不是逞英雄，去做根本不可能完成的任务。情商高的人知道自己该做什么，以及如何高效做事，而不是劳而无功。

【办事心理学】

在团队中，一个人的价值取决于他能否高效地完成工作，以及能否创造巨大的效益。因此，在有限的时间内，高效地完成工作任务是至关重要的。

一次只做一件事，避免半途而废

大家都知道放大镜将光线聚焦到一点，可以点燃树叶或纸张。我们在生活和工作中也应该有这种聚焦性，将时间和精力集中到一件事上，这样不但可以提高工作效率，而且容易出成果。

有太多"聪明人"并不明白这一点，他们头脑灵活，能力出众，自认为能够将所有的事情做好，但到最后却一事无成。究其原因，并非是他们不能把事情做好，只是因为不够专注，没有坚持不懈的精神，没有做到底。他们在做事情的时候，很容易分散精力，不断转换目标，看起来非常忙碌，却不出业绩。

经验表明，将注意力集中在一件事上，直到作完再做下一件事，反而更有效率，更容易出成果。一次只做一件事，可以将注意力高度集中，从而极大地提高工作效率。

盛大创始人陈天桥曾说："很多成功人士其实都是偏执狂，他们一旦认准了一件事情，就会坚持下去，从不会半途而废，也不会轻易改变目标，直到取得成果。"的确，如果一个人能够围着一件事情转，那么全世界都有可能围着他转。

一个人的时间和精力是有限的，无法同时做好几件事情，所以应该将事情按轻重缓急排好序，一件件处理，这才是最有效率的工作方法。而且，对一个人来说，如果一生能将一件事情做到极致，往往也会成就一生的功名。

袁隆平，中国杂交水稻之父，他心无旁骛，一生致力于杂交水稻的研究，取得无数荣誉，并赢得了世界各国的赞誉。

1973 年，袁隆平率领科研团队在中国进行系统的杂交水稻研究。在研究过程中，他和团队遭遇了种种考验："文革"时的人身冲击、自然灾害的打击、禾苗被人为地毁坏，但是，这一切都没能让他们动摇。袁隆平和团队始终认为杂交水稻有优势，一定可以研制成功。

在专注与坚持之下，杂交水稻研究不断取得突破，水稻亩产量从400公斤到600公斤，再到800公斤，他们定下的目标被不断突破。杂交水稻的成功，不仅解决了中国人的吃饭问题，也帮助世界上更多的人摆脱了饥饿。

美国农业经济学家唐·帕尔伯格在《走向丰衣足食的世界》中写道："袁隆平在农业科学上的成就打败了饥饿的威胁。"印度前农业部长斯瓦米纳森博士曾说："把袁隆平先生称为'杂交水稻之父'，是因为他的成就给人类带来了福音。"

人在一生中会有很多目标，但是想有所成就，在一段时间里只能确立一个目标，并全力而为。而不断更换目标的做法，意味着一次次重新开始新的工作，无法将事情做到极致。因此，一次只做好一件事远比一心多用更有效率。而完成一件事之后的成就感，能让人怀着愉快的心情开始下一件事。

【办事心理学】

专注是高效的第一要素，那些看似忙碌实则一事无成的人，往往喜欢胡子眉毛一把抓，这样不但效率低下，而且很难取得成果。任何时候，一心一意做好一件事，是有所成就的不二法门。

调整"期望"法：为自己设定一个期限

每个人都对生活和工作有期望。那些积极的期望能帮助你消除负面情绪，激发工作热情；而消极的期望会给你带来负面情绪，打击你的自信心，甚至让你怀疑自己的能力。因此，保持良性的期望能够提升办事效率，增强工作动力。

当然，过犹不及，过高的期望和过低的期望都不利于工作进行。具体来说，过高的期望是一种盲目的自信，一旦努力之后无法实现，就会产生失落心理，从而丧失前进的动力。

而过低的期望也不利于自身发展，它会令人陷入迷茫，对未来失去方向，甚至每天浑浑噩噩，不想做事。那些缺少期望的人总是在"混"日子，对设定的目标一拖再拖，结果大量的时间就在拖延中浪费了。

无论是哪种原因形成的拖延，都是在浪费自己的宝贵时光。告别拖延的有效方法，是设置一个合理的期望，并确定切实可行的操作步骤。

胡佳和李奇是一家公司的销售人员，主要工作是和"拒绝"打交道。进入公司后，两个人都参加了销售培训，也阅读了培训老师推荐的图书，于是，满怀信心地开始了销售生涯。

起初，两个人都无法打开工作局面，给客户拨通电话的时候，总是被拒绝。随着被拒绝的次数越来越多，李奇的内心动摇了，他对打电话开始恐惧，电话另一头的拒绝让他无法提起工作热情。之后，李奇不再热衷于寻找新客户，每天只是应付性地打几个电话，然后就坐在办公桌前消磨时间，直到下班。这种情况很快被老板发现，结果李奇被公司辞退。

胡佳也经历了与李奇相同的遭遇，但是他没有放弃，依然对工作充满期待。他不断调整心理状态，始终保持积极的心态，并努力改进工作方法。他规定自己每天必须打50个电话，并尽可能多地留下客户的资料。对有意向的客户，他及时跟进。在业余时间，还积极向其他销售人员学习推销技巧。终于在工作满一个月的时候，胡佳签下了第一个客户。成功的喜悦让他更加卖力，工作能力也随之不断提升。工作刚满一年，他就成为了公司的销售冠军，不但工资上涨，还被提拔为销售经理。

李奇与胡佳条件相当，只是彼此的心态不同。胡佳对销售工作充满期望，因此制定了明确的目标，并为此奋斗。李奇则消极应对，得过且过。心态不同，工作状态也不一样，最终取得的成就也大相径庭。

积极乐观的心态虽然未必能帮你解决所有问题，但是却可以让你以积极的态度面对问题，成功的概率自然远远高于消极做事。

当然，并不是拥有积极的期望就一定可以心想事成。在积极的期望下，还应该为目标设定一个期限，否则一旦超过了期限，前面所有的努力都将变成无用功，期望也会变成失落。显然，只有在一定期限内完成的目标，才是合理的期望。

【办事心理学】

合理的期望能让你制定的目标更合理，以便在工作和生活中不迷失方向。积极的心态，适度的乐观能够激励我们向既定目标前进。"坚持下去，我可以成功"，这种信念能够支撑人们走得更远。

Chapter 06 这些事，要坚守底线

永远做对的事，再把事情做对

底线是做人做事的警戒线，不可踩，更不可逾越。一个人无论多么聪明能干，都要树立底线意识，永远做对的事，做自己由心而发的事，从而立于不败之地。

抄近路往往是最远的路

"两点之间直线最短"这个几何学公理给人们造成一个错觉：从一个点到目标点，走直线最近。于是，人们都学会了抄近路、走捷径，美其名曰"节省时间"。

生活中，行人为了抄近路，不惜横越马路、跨越围栏，结果酿成惨祸；开车的为了抄近路，不惜走陌生的小路，结果出现意外状况，绕来绕去走了许多冤枉路。

工作中，自作聪明的人做什么事都喜欢耍心眼，结果被淘汰出局；自私懒惰的人，总想投机取巧、不择手段挣快钱，结果受到了道德的谴责和法律的制裁。

在现实中，两点之间绝大多数情况下无法走直线。如果做事情总想着抄近路、走捷径，不仅难以快速到达，反而要花更多的时间。

一个天高云淡、风清气爽的周末，王毅约了几个好朋友一起爬山。一路上，大家有说有笑，不知不觉就爬到了山顶。几个人举目远眺，心旷神怡。

到了返程的时候，大家都有些劳累了，于是想找捷径下山。这时候，王毅突然发现前面有一条羊肠小道，似乎有人走过。从这条路远远望去，还能看到山下的停车场。于是，他把这个好消息告诉了大家。

大伙儿一看，果然是一条捷径！他们非常高兴，当即决定沿着这条小路快速下山。然而，走了一段路之后，他们看见了一道断崖，小路在此一拐，伸向远方的一个小山村。大家一筹莫展，只得先向山村方向走。中途又拐上另一条弯弯曲曲的小道，结果迷路了，被围困在峭壁悬崖边无法下山，最后只得报警求助。

当救助人员赶赴现场时，他们已经被困7个小时了，饥饿和寒冷使得几个人抱在一起发抖。

本来他们可以在太阳落山之前回到停车场，但是因为想走捷径，被困在悬崖峭壁边，无法下山。这个教训是深刻的。

人总是想走捷径，即使吃了亏也很难彻底改变，这是人类的惰性和自作聪明使然。在一个讲效益、讲速度的时代，社会的发展日新月异，人们比以往任何时候都想更快达到目的，但需要注意的是，在这一过程中万万不可触碰了底线。

【办事心理学】

寻求变通无可厚非，然而首先必须对眼前的情况或要解决的问题有一个全面的分析。只有有一双发现的眼睛、敢于创新的头脑，才能找到与众不同的解决之道。否则，盲目地走捷径，只会踏上弯路。

每天找出最重要的事情去做

现代社会的工作和生活节奏越来越快。无论是谁，每天一睁开眼就要面临纷繁的事情，但是每个人的时间却非常有限。有太多的人不懂得合理规划，忙碌一整天，结果忙的都是无关紧要的琐事，真正重要的事情却被遗忘在角落里。

如果想在有限的时间里做更多有意义的事，处理更多繁杂的事务，甚至取得更大的成果，就要制定合理的计划，优先处理那些重要的事情。

每天面临众多选择，是现代人的生活常态。对此，有的人会陷入茫然，不知道自己究竟应该做什么，于是，一天就在茫然中度过，办事效率低下。会办事的人善于理性分析，并会做出科学的选择，制定合理的计划，有条不紊地处理好事情，效率特别高。

关于如何合理利用时间、规划日常事务，很多专家和学者都进行过研究，他们的结论一致，即分清事情的轻重缓急。只有做到这一点，工作规划才合理，办事的时候才不至于陷入混乱，也不会因为茫然而陷入拖延。

马东是一家公司的部门经理，每天早上都有一堆文件等着他审批。这天早上，他办公桌上放了一份重要的年度计划书。望着堆积如山的文件，马东正在发愁如何处理，偏偏这时候又接到了董事长召开临时会议的通知。

马东急忙走进了会议室，会议一直开到中午才结束。马东正准备松一口气，秘书说有客户前来拜访。他只好转身接待客户，并与对方共进午餐，商讨下一步合作事宜。

送走客户之后，已经是下午两点半。这时候，部门的员工一个接一个过来请示、汇报工作。马东一边听着下属的汇报，一边思索着如何处理办公桌上待审批的文件，中间还不时被电话打断思路。

很快就到了下班时间，办公桌上那一叠文件还原封不动地放在那儿。这时候，秘书又进来提醒："经理，那份年度计划书请您尽快签完，我还要送到董事长那里去。"马东长叹一口气，揉了揉发胀的太阳穴准备加班。

很多时候，你以为时间非常充足，便把最重要的事情放到最后，而先处理那些烦琐的小事，但是到了下班时间，才发现已经没有时间处理重要的事情了。对此，很多人会拖到第二天处理，但是第二天的事情可能更多、更繁琐。就这样，重要的工作被一拖再拖，自己也陷入了拖延的旋涡。

其实，只要将每天需要处理的事情分清轻重缓急，优先将最重要的事情处理好，你就会发现剩下的工作非常简单。有一句古老的谚语这样说：如果你每天早上做的第一件事是吃掉一只活青蛙的话，那么你会欣喜地发现，这一天里再没有什么事比这件事更糟糕了。

这只"活青蛙"就代表一天当中最重要的那件事，如果优先处理掉，这一天就不会有拖延现象发生。

把一天的工作按照轻重缓急，然后一件一件处理，工作就会有条不紊，效率也会大大提高。制订合理的计划表，杜绝自己再为拖延找借口，所有的事情都被规划在时间表上，必须按时完成。

【办事心理学】

最重要的事情优先处理，无论你愿意还是不愿意，一旦这个习惯养成，你会发现自己的时间非常充裕。一次只处理一件事情，而且是最重要的那件事情，长此以往你的工作效率会显著提高。

注重自己的名声，这对事业非常有帮助

一位商界成功人士说："先做人，后做事，做人做好了附带着就把事情做了。"无论从事什么工作，做人都是基础、是根本、是关键，要想把事情做好，首先要把人做好。

你是什么样的人，就会有什么样的行为和做派，进而影响你的人际关系和外界对你的评价。从某种意义上说，一个人的素质决定着人生发展的成败，所以，任何时候都要坚守做人的底线，这是做事的基本原则。

李嘉诚在生意上的成功，与他的个人修养不无关系。

李嘉诚待人谦和，香港广告界著名人士林燕妮，曾主持广告公司，与李嘉诚的长江实业有密切的业务往来。谈到李嘉诚，林燕妮总是挑起大拇指。

早年，香港的广告市场是买方市场，往往是广告商有求于客户，而客户丝毫不用担心找不到好的广告公司。时间一长，就滋长了客户企业盛气凌人的气焰，他们根本不把广告公司放在眼里。

有一次，林燕妮到长江实业总部洽谈合作。李嘉诚派工作人员在地下电梯门口等待，把林燕妮等人接到了楼上。恰好那天下雨，林燕妮被雨水淋湿了，李嘉诚看到这种情形，连忙帮她脱下外衣，并亲手挂在旁边的衣架上，根本没有大老板的做派。

无论对待生意上的合作伙伴，还是对待身边的员工，李嘉诚都平易近人。

注重自己的名声，做事就会理性、克制，赢得认可。李嘉诚总是说："要照顾对方的利益，这样人家才愿与你合作，并希望下一次合作。"追随李嘉诚20多年的洪小莲，谈到李嘉诚时说："凡与李先生合作过的人，哪个不是赚得盘满钵满！"显然，做人上的成功，是李嘉诚财源广进的重要原因。

人和动物的根本区别就在于人的社会性，人要在社会上立足、生存、发展，就要结成群体共同发展。谁都不可能独来独往，从这个意义上来说，做人成功才能建立融洽的关系，赢得认同和拥戴。

坚持与人为善，才不用担心遭到打击报复。无所畏惧，干事才能专心致志，才更容易有所成就。一个人声名狼藉，自然容易招惹麻烦，做什么都寸步难行。

【办事心理学】

任何一个有远大理想的人，都渴望干成几件有意义的事，得到外界认同。但是，你能够走多远，能够发展到哪一步，是否能够达成所愿，在很大程度上取决于你的基本素养。注重自己的名声，努力工作、与人为善、遵守诺言，会对你的事业大有裨益。

二八法则：抓大放小的做事智慧

人的精力和时间是有限的，不可能每件事情都做到十全十美。如果不能合理地利用资源，就可能导致办事效率就很低，甚至把事情搞得一团糟。那么，如何高效地做事呢？回答这个问题之前，我们先来了解一下二八定律。

1897 年，意大利统计学家、经济学家维尔弗雷多·帕累托在研究 19 世纪英国社会各阶层的财富和收益时发现，英国人的大部分财富流到了少数人的手里。与此同时，他还发现一个种群占总人口数的百分比和其所享有的总收入之间有一种微妙的关系。

由此，他得出一个定律：在任何特定群体中，重要的因子通常只占少数，而不重要的因子则占多数，因此只要能控制具有重要性的少数因子即能控制全局，这就是著名的"二八定律"。

世界上许多事情都遵循着这一定律，如空气中，氮气占 78%，氧气及其他气体占 22%；人体中，水分占 78%，其他物质为 22% 等。

后来，这一定律被运用到企业管理中，比如，通用电气公司将奖励放在第一位，这项制度使员工的工作效率更高、表现更出色，但该奖励制度只奖励那些完成高难度工作指标的员工。

将 80% 的资源利用到关键的 20% 的事务中，使资源得到最大限度的利用，同时利用这关键的 20% 带动另外 80% 的发展，将极大地提升企业运作效率，提高效益。

在企业管理中，管理者可以应用树形分析法将企业目标层层划分，使其形成金字塔形的结构，然后逐步实现目标。在设定详细的战略目标后，还可利用二八定律进行风险识别，对风险进行分析，把控关键的 20% 的风险。

在投资活动中，将 80% 的投资用在重要的 20% 的项目上，使得重要的 20% 的投资带来 80% 的回报。

企业的资金管理，也适用于二八定律。在处理应收账款时，可以发现，往往 80% 的应收账款集中在少数几个大客户身上，其余 20% 的应收账款则分散于 80% 的小客户身上。在存货管理中，广泛应用的 ABC 控制法也是二八定律在营运资金管理中的实际应用。在企业的市场营销中，运用二八定律，可以发现针对多数使用者的营销策略，还可以有效发掘老客户的潜在需求，从而挖掘出关键的目标客户群。

在企业的人力资源管理中，合理地安排员工的工作岗位，有效地进行奖惩，也是二八定律的有效体现。

二八定律可以让企业找到造成某种状况的关键因素，同时找到能够贡献 80% 产出的 20% 的投入。当一家企业发现，80% 的利润来自 20% 的产品，那么企业就应该提高这 20% 的产品的生产量。

【办事心理学】

一位著名的管理学家曾说，成功的人若分析了自己成功的原因，就会知道二八定律是成立的。80% 的成长活力来自于 20% 的员工，公司知道这 20% 是谁，就会清楚地看到未来成长的方向。

对朋友的秘密一定要守口如瓶

心理分析师尼克尔·普里厄认为，与他人交往时身不由己地背叛对方，是人际关系的一部分。在与人交往时，人们常常会不受控制地泄露自己的隐秘之事，过后又会后悔、内心不安。

当我们向他人吐露心声时，通常是因为遇到了不开心的事。可能是情感冲突，可能是工作上不顺心，也有可能是和某个人发生了口角。在冲动的情况下，人们很容易将内心的一些真实想法和盘托出。作为朋友，倘若我们碰到了这样的状况，千万要守口如瓶。

虽然，对方是主动或者不经意间向你吐露了自己的秘密，但是这不代表你可以对这些秘密随意处置，到处宣扬。有的人自信于和朋友的关系亲密无间，觉得朋友的秘密就是自己的秘密，愿意怎么处理就怎么处理。在和其他人交谈时，毫无意识地就将朋友的秘密脱口而出，这样做必然恶化彼此的信任关系。

世上没有不透风的墙，事情迟早会传到朋友的耳中，其结果多数是友情走到尽头。知道对方的秘密，说明彼此关系好。但同时如果守不好朋友的秘密，必然会使二人产生嫌隙。特别是对于朋友嘱咐不可告人的秘密，一旦经你泄露，朋友关系就走到了终点。

李美和杨迪是闺密，两个人是发小。因为遗传的原因，李美胳膊上和腿上有大片的胎记。这对女孩子来说真是痛苦不堪，因此李美长年穿长袖长裤，即便是在炎热的夏天。这个秘密，杨迪自然是知道的。

高中毕业后，两个人一起来到大城市打工。情窦初开的她们，同时喜欢上了一个男生，而该男生钟情于李美。杨迪心中很失落，不免会想，如果他知道李美身上长着胎记，还会喜欢她吗？

李美和男友出去约会，也还是长衣长裤。男友询问原因，她解释说自己怕冷。男友觉得奇怪，就去问杨迪。面对自己也喜欢的人，杨迪觉得只要告诉他真相，就有可能得到机会，但是，杨迪没有那么做，而是鼓励男生真心对待李美。

后来，李美和男友说了实情，男友欣然接受了这一现实，并告诉李美，杨迪曾经鼓励自己真心待她。李美知道后很感动，知道这个朋友心地善良，值得相交一生。

对某些人来说，为朋友保守秘密很难，但正因如此，才能够体现友情的伟大。

《创世纪》记载，尽管神知道亚当在哪里，但是每次进园之前，他都会喊："你在哪里啊？"这个故事告诉我们，突然打扰别人是不尊重别人隐私的表现，对于别人的隐私，一定要尊重，不得泄露。

每个人都有自己的私密空间，不容他人侵犯，我们应该尊重并保护他人的隐私权利。

【办事心理学】

秘密一旦超过三个人知道，就不再是秘密。为了做到不泄露他人的秘密，在与人相处的过程中，最好不打听、不询问，不知道的事情自然就不会泄露。如果不小心知道了，也务必守口如瓶，避免招惹是非。

Chapter 07 这些事，要适可而止

要懂得踩油门，更要懂得踩刹车

聪明人不仅知道往前冲，而且懂得在必要的时候抬头看看周围的环境。当路行不通的时候，当危险近在咫尺的时候，他们会立即止步，重新调整方向，绝不会一条道走到黑。

让错误和烦恼 "到此为止"

莎士比亚曾说："聪明的人永远不会坐在那里为他们的损失而悲伤，而会高兴地去找办法来弥补他们的旧创伤。"

人的一生中难免遇到不幸和烦恼，你无法逃避，也不能左右它们，唯一能做的是勇敢止损，让错误和烦恼 "到此为止"，这种强大的自我掌控能力是获得幸福快乐的密码。

当杰勒米·泰勒丧失一切的时候——房屋遭人侵占，家人没有栖身之地，庄园被没收，他这样写道：

"我落到了财产征收员的手中，他们毫不客气地剥夺了一切，让我一无所有。现在，还剩下什么呢？让我仔细想想……他们留给了我可爱的太阳和月亮，温良贤淑的妻子仍在我的身边，还有许多排忧解难的患难朋友，除此之外，我还有愉快的心、欢快的笑脸。显然，没有人能剥夺我对上帝的敬仰，剥夺我对美好天堂的向往，以及我对罪恶之举的仁慈和宽厚。我照常吃饭和喝酒，照常睡觉和休息，照常读书和思考……"

面对意外和灾难性的打击，泰勒仍然开心、快乐，绝不陷入情绪低落的状态，令人钦佩不已。这种坚韧、乐观的品性是每个人都应该追求的，这样的人生永远不会阴云密布。

正是因为能够正视困难，把生命中的磨难看作是对自己的锻炼，所以即使脚下布满荆棘，杰勒米·泰勒依然勇往直前。

生活中总会遇到一些烦心事，很少有人永远一帆风顺。当烦恼来临时，有的人选择让烦恼戛然而止，寻求摆脱困境的方法；有的人则沉浸在烦恼中，陷入痛苦中无法自拔。

世界上有这样一类人，他们似乎总能得到上天的眷顾——有着坚定的信念或理想，并且坚持不懈为之付出努力，最重要的是，上天每一次都会帮他取得成功，这令人羡慕至极。其实，这类人之所以比其他人更幸运，在很大程度上要归功于其强大的内心。

一个人坐大巴回家，行至途中，车子抛锚。当时，正值盛夏午后，闷热难当。得知四五个小时后才可以起程，大家都开始抱怨，唯独这个人没有抱怨，而是找了一个凉爽、平坦的地方美美地睡了一觉。车子修好了，他也睡饱了，于是心满意足地踏上了归程。后来，他逢人便说："真是一次愉快的旅行！"

内心强大的人，无论遭遇怎样的嘲讽，遇到多大的困难，都不会被轻易打倒。换句话说，他们已经达到了一定的境界，因此总能在挫折、危机面前挺过来。

在他们身上，流露出的是坚定的意志、超强的行动力。不论遭遇多大的挫折，他们都能够做到心如止水；哪怕是遭受牢狱之灾，面对死亡的威胁，他们也能够始终保持一颗淡定之心，这样的人是不可战胜的。

【办事心理学】

聪明的人知道如何面对烦恼和困难，愚蠢的人往往会看重烦恼和困难。我们只有让烦恼与困难"适可而止"，才能避免被消极心理束缚。

手中王牌，在关键时刻亮出

节目表演，最抢眼、最吸引人的重头戏往往在最后表演。这是因为节目制作人了解观众的心理，为了吸引大家留下继续观看，故意这样安排的。而这最后一个节目，也成了他们手里的一张王牌，使整场表演最终取得预期的结果。

在谈判中，当事人手里也要有"王牌"，以便在关键时刻摆脱被动局面，取得主动权。"王牌"一定要留到最后，不要着急亮出来，否则，你渴望杀对方一个措手不及的"良药"，就会成为对方牵制你的"武器"让你陷入被动。

周彬在这座大城市奋斗了 6 年，他渐渐喜欢上了这座城市，决定在这里扎根。于是，他决定用这些年的积蓄，在公司附近买一套房子。他查了很多资料，问了很多朋友，最终找到了一套满意的房子。

周彬联系到房主，双方很痛快地谈妥了价格，并签署了购房合同。当天，他就向房主缴纳了 4 万元定金，准备过几天全额付款，办理过户手续。

出人意料的是，当地政府几天后宣布要在旁边修建地铁，周彬买的那间房子价格也随之暴涨。在房主看来，这简直就是"天上掉下来的馅儿饼"，于是单方面撕毁了合同。

周彬找房主理论，房主却说："先前的合同不算数，我已经把它撕了。你如果还想买这个房子，必须在之前的价格上再加 15 万。"对此，周彬坚决不同意，但交涉多次都没有结果。于是，他决定起诉房主，并给房主发了律师函。

此时，房主才意识到事情的严重后果。因为毁约在先，如果这起纠纷被法院受理，那么房主一定会败诉。因此，他私下主动找到周彬，希望再谈一谈房子的事情。可是，周彬态度非常坚决，不想听房主的解释。

最终，房主经过一番思考后，决定按之前的合同把房卖给周彬，双方达成和解。周彬因为搬出了法院这张"王牌"，维护了自己的正当权益。

在谈判中，如果遇到不可调和的矛盾，不妨像周彬那样亮出王牌，夺回谈判的主动权，让对方把无理要求收回。但是，如果不合时宜地把"王牌"亮出来，并不能获得想要的效果，可能还会弄巧成拙。

谈判充满了未知，你有"王牌"，对方也有，而且随时在变化。倘若一遇到窘境，就求助于"王牌"，反而会陷入非常被动。而且，"王牌"终究数量有限，一旦亮出便没有反悔的余地了，再遇到困难时往往就失去了抗衡的力量。因此，使用"王牌"要慎重。

【办事心理学】

"王牌"可以让你增加自信心，获得主动权，在遇到危局时力挽狂澜，可是，如果王牌不能用在合适的场合和合适的时间，你就会被对方赶尽杀绝，陷入尴尬的境地，谈判结果也就可想而知了。

别人贪婪时，你应谨慎

长拜尔有一种猴子，总去偷吃农民种的花生，并且以此为乐。农民为了保护自己辛苦种植的花生，就一起商量怎样抓住这些猴子。他们通过长期观察猴子的生活习性，发明了一种极为巧妙的捕捉办法。

农民从家中找了一些葫芦形的细颈瓶子，把它们系在大树上，并固定好。然后，他们把花生倒入瓶子，用来引诱那些猴子。这一系列的准备工作都完成以后，农民就开始"守株待猴"了。

这一天，一群在周围玩耍的猴子发现了挂在树上的瓶子，看到瓶子里的花生，它们格外高兴，急匆匆地把爪子伸进了瓶子里，希望多拿一点。可是，农民选的都是细颈瓶子，猴子可以轻松伸进去爪子，但是拿到东西后却不容易把爪子拿出来。所以，抓满花生的猴子，始终无法把爪子拉出来。

贪婪的猴子，不舍得把到手的东西轻易放下，就这样握着满爪的花生，一直等候在瓶口旁边。直到第二天农民来了，不费吹灰之力就逮住它们。

或许，很多人看到这则小故事后会笑猴子太傻，不懂得舍弃，然而，生活中有太多人像猴子一样，即使遇到危险也对某些东西紧抓不放。

在 17 世纪时，荷兰人研发出很多郁金香新品种，一时间征服了无数欧洲民众。这对郁金香种植者来说是一个天大的好消息，于是他们扩大种植规模，以期从中牟取暴利。

这种热情广泛传播，几乎所有人都开始寻找特殊的郁金香品种，并且，家家户户都建起了花圃，种上了郁金香。人们把全部的时间和精力都花在了照看郁金香上，有许多人甚至放弃了原来的工作。这种狂热，遍及荷兰的每一片土地。

1636 年，一支郁金香的价格已经等同于一辆马车甚至几匹马的价格。到 1637 年，其价值已经达到了最高值，这种现象着实令人吃惊。

后来，由于人们对郁金香的热情降低，以及整体经济不景气，郁金香的价格开始狂跌。由此，荷兰的经济陷入了低迷状态，很多曾靠销售郁金香暴富的企业，面临倒闭的危险。

荷兰经济的萧条，正是因为人们对于眼前利益的贪婪，从而失去了理性判断。很多年之后，荷兰的经济才有所起色。

这样的情况在日本也曾发生过。在 20 世纪 80 年代后期，日本的股票和土地市值暴涨，甚至超过了当时的美国。

这让很多投机分子眼红，他们开始炒股、炒地，一些曾经以"务实"著称的企业家也想趁机捞一笔。于是，日本民众疯狂起来，但当他们还沉醉其中的时候，繁荣的市场崩塌了，大家手中的财富变成了"泡沫"。

由此可见，无论处于何种境地，都应当保持清醒的大脑，理智地判断是与非，做出正确的选择。

【办事心理学】

做事情难免遇到坎坷，想要长期保持稳健发展的状态，就一定要保持警惕，不要让骄傲自大的想法迷惑了那份宝贵的理性思考。

要想避免损失，就要有风险意识

做事不能没有冒险精神，但是在行动之前务必充分审视潜在的风险。无视风险的存在，并且没有相关预案，一旦遭遇突发状况就会手忙脚乱，陷入被动局面，遭受重大损失。

想要避免损失，离不开风险意识以及防微杜渐的管控能力。在风险面前止步，不踏足高风险的领域，自然会在安全边界线内。

杨涛是在 2010 年开始投资的，当时有数不清的基金公司抛出了诱人的宣传，众多选择让人眼花瞭乱。

这时，一家基金公司的宣传广告吸引了杨涛，该广告声称其公司将会发行一支创新基金。杨涛拿了广告单回家，准备仔细了解一下这支基金和管理这支基金的陈经理。经过多方打听，杨涛了解到陈经理是该基金公司元老级的人物，拥有多年管理基金的经验，并且业绩卓著。所以，他从潜意识中认为陈经理是相当有能力的。

凭着自信的判断和对陈经理的信任，杨涛把所有积蓄都投到了这支创新基金上。陈经理确实没让杨涛失望，这支基金一直在稳步上升。每逢朋友聚餐，杨涛都会称赞陈经理的能力。

有位朋友听了杨涛的讲述，也心动了，打算买这支基金，可是研究了半天，发现这支基金的经理人早已不是陈经理了。于是，朋友赶紧把这个消息告诉了杨涛。杨涛非常郁闷，为什么基金经理换了人，自己却全然不知呢？他当初之所以买这支基金，很大一部分原因是因为信任陈经理。

于是，他找到基金公司的负责人，要求撤出自己的资金。杨涛表示自己表面上是在购买基金，实际上是在投资基金经理。基金换了经理，客户却不知道，这是让人无法接受的。

公司负责人听到杨涛的抱怨，首先道了歉，然后对更换经理人的原因进行了说明。负责人表示现任经理也是具有丰富经验的资深经理人，他同样会给大家带来良好的收益。杨涛在心里盘算了一番，想着也是为了赚钱，便决定暂时不撤资。

可是，没过多久，杨涛买的那支基金就一落千丈，杨涛的钱也打了水漂。后来，他从别人口中得知，其实现在这个经理根本没有经验——他是凭借家里的关系，挤走了陈经理。杨涛后悔不已，他如果像之前分析陈经理一样，分析一下现任经理，也不至于造成这么大损失。只是因为一心想着赚钱，忽略了潜在的风险，最后吃了大亏。

想获利的时候，首先要考虑潜在的风险，以及如果风险出现需要采取的应对之策。如果没有十足的把握，就不要冒险。不懂得控制潜在风险，是许多人办事不利的重要原因。

风险无处不在，因此要懂得随时刹车，从而清楚自己在哪里，眼前的情势如何，并客观地分析眼前的问题。做任何事情，都需要这种谨慎心。

【办事心理学】

重视风险是迈向成功的保证，做事之前除了要计划周全，还要分析各种潜在的风险，二者缺一不可。成大事者不会因为一点儿小利，就放松警惕，他们勇于面对挑战，但是不会忽视潜在风险。

绝不可贪心，更不能贪得无厌

取得更大进步和成功，对每个人来说都是梦寐以求的事情，但是，情商高的人对此总是保持一种警惕，懂得适可而止。

俗话说，"事不过三"，好运不会总是眷顾你。对企业来说，如果有三年的好行情，经营者就会扩大经营，而往往因此造成战线过长，摊子铺得过大，陷入危机。克制贪心，无疑是稳健发展的前提。

从塑料花转型房地产，再到多元化经营，李嘉诚推动着自己的公司一步步发展壮大。企业家没有做大做强的欲望是不行的，但是，这种欲望应该是向上的动力，而不是盲目的贪婪。

事实上，当生意做大财源广进的时候，李嘉诚感受到的不仅有欣喜，更有警惕。他时刻克制着自己的贪心，用"理性"保证了决策的科学性和正确性，避免了企业在发展中走错路。

李嘉诚经常提醒员工："大前年赚钱了，前年赚钱了，去年也赚钱了，如果今年还能赚钱，那就太好了。可是，这个世界上没有那么顺利的事，赚了三年以后，第四年是不是还会赚呢？所以经商应该有'赚了三年就退回一年'的想法才好。"

如果关注一下各大企业排行榜就会发现，在这个排行榜中，每年都约有 10% 的公司被淘汰，他们的位置会被新公司所取代。其实，在现代商业社会，每天都有公司开张，同时也有公司倒闭。

而那些被淘汰的公司，有相当一部分是犯了"拔苗助长"、盲目扩张的大忌。也就是说，这些公司的领导人在生意做大的时候，太贪心了，失去了理智，最后走向失败。

见到利益，人人都想得到，而且得到的越多越好，这是世人的共同心理。看到别人赚钱，或者取得了成功，自己也想尝试一下，这是正常现象。然而凡事不可贪念太重，当既定目标超出了自己的能力范围，终究是要吃大亏的。

我们做事切忌急功近利，被眼前的利益牵着鼻子走。要对自身实力和能力，以及外部环境做出正确的评估，以判断能否实现既定目标。

做事之前，必须制定详细计划，并确保计划顺利实施。

【办事心理学】

无论做什么事，都要量力而行，绝不可贪念太重，否则将导致无法收场。过分追求更高的目标，而忽略自己的实力，对个人成长和发展没有任何好处。

冲动的时候要踩急刹车

人是情绪化的动物，难免会在冲动的时候做出过火的举动。而一时的冲动往往会造成不可挽回的后果。因此，能够控制住冲动，无疑是个人成熟的表现。

实际上，愤怒源自内心情感的放纵，以及对现实的无法掌控。当自己无法"为所欲为"的时候，就会变得歇斯底里。图一时之快往往要付出代价，冲动而为从来都与睿智背道而驰。懂得克制冲动，才能理智做事，减少人生遗憾。

一个小镇发生了一起杀人案。有个人在家中被人砍死，其家人也都被砍伤。死者身上有七处刀伤，刀刀致命，非常残忍。

当地警方在第一时间到达案发现场，凶手畏罪潜逃，留下了作案用的砍刀。在死者家人的指认下，犯罪嫌疑人很快被警方抓获。

在警方的审问下，罪犯说："我是一时冲动，为了发泄内心的不满，才出手伤人的。"原来，犯罪嫌疑人和死者的女儿曾经是恋人，但是因为年龄悬殊遭到了死者的反对。

而直接导致犯罪嫌疑人杀人的是不久前的一次冲突。当时，犯罪嫌疑人去死者家中做客，双方争执起来，死者一怒之下拿起木棍狠狠地教训了犯罪嫌疑人，这为后来的杀戮埋下了祸根。

于是出现了开始的一幕，犯罪嫌疑人因为一时冲动，杀了女友的父亲，最终自己也无路可退。

这个故事证实了"冲动是魔鬼"的正确性。如果不是因为冲动，他不会在怒火攻心之下犯罪，酿成无法挽回的血案。

冲动带来的负面影响远远超出人们的想象，那么如何才能让怒火平息呢？

第一，从积极正面的角度想问题。

有人说，把火气发泄出来有助于心理健康，但是一项研究表明，这是一种糟糕的做法，发泄对于平复内心情绪毫无帮助。心理学家推荐了一种科学的方法，那就是自觉地从积极、正面的角度看待外界的"冒犯"。

比如，有一辆车超车，这时我们应该想到"他应该有什么急事吧"，或者"可能我开得太慢了"。这样一来，你的怒火就平息了。这是一种极为有效的控制负面情绪的方法。

第二，一个很简单却很有效的方法——坐下来。

情绪剧烈波动的时候，血液中的去甲肾上腺素含量明显增加，这种物质会大大加快血液循环，使人活力倍增。而当一个人舒展躯体和四肢后，随着活动空间的扩展，血液循环会进一步得到刺激，从而更容易激动。

情绪剧烈波动的时候坐下来，是通过抑制生理能量供应来减弱怒火。遇事不慌不忙，保持冷静理智，自然会让心中的怒火慢慢消散。

【办事心理学】

怒火爆发就像高速飙车，害人害己；理智既是控制车速的关键，也是保护自己和他人的盾牌。愤怒并不是一种勇气，真正强大的心灵是保持冷静、理智。

愚蠢的人不懂得回头

前进是生命唯一的方向，只有不断向前走，才是对生命最好的诠释，才是对生命负责，才是对生命最好的珍惜。但是，当前面的路走不通时，要懂得及时转身，回到正确的道路上来。

在漫长的岁月中，一些令人懊恼的事情总会不期而至。这让人压抑、苦闷，甚至陷入痛苦。其实，你不必如此，已经发生的事情，就由它去吧，学会坦然接受会让自己更从容。

有一天，杰克和爸爸外出，遇见一个开电梯的老人。令人吃惊的是，老人没有左手。"太不幸了！"杰克心里想。

趁着等电梯的时间，杰克问老人："请问，您少了那只手，是否觉得特别难过？"老人摇摇头，淡定地说："不，不会的，孩子，我早就忘记了它的存在，已经习惯了失去左手的生活。你会为剪掉的头发闷闷不乐吗？"

老人一句幽默的戏谑，把杰克逗笑了。既然已经成了现在的样子，为什么不乐观面对呢？

在荷兰首都阿姆斯特丹，有一座建于十五世纪的古老教堂。这座教堂刻着一行字："事情是这样，就别无他样。"勇敢面对现实，行不通的时候选择改变，人生就会少很多痛苦和压力。

生活中总会有一些不如意、不开心的事情。面对这些烦恼，与其在纠结中苦苦挣扎，不如及时回头，摆脱现在痛苦的状态。愚蠢的人会自寻烦恼，因为他们不懂得变通，缺少转换思路的机智，一旦遇到麻烦就认为这是倒霉的开始。

如果思考方式、办事理念始终停留在原始状态，不作出改变，自然无法适应环境变化，也无法有效改变心境，重获快乐与幸福。研究发现，一旦被墨守成规的思维方式控制，人们对各种问题的判断、理解就会局限在特定范畴内，跟不上社会发展的节奏。

人是有智慧的动物，告别懒惰、等待，学会变通、尝试，才能发现新的契机。显然，懂得适时改变的人更容易找到成功的路径。

【办事心理学】

聪明的人并非只知道往前冲，更懂得在必要的时候回头看看自己走过的路。面对眼前的困难，尝试换个方向，你会发现一个新世界。

聪明人善解人意

真正在意对方，做任何事都容易获得认同感

洞悉人性，善解人意，是聪明人的基本特征。说话得体又令人舒服，彼此相处特别愉悦，自然容易办好事情。

Chapter 08 这些事，要给人面子

给别人一个台阶，给自己一个舞台

做人，要给他人面子；做事，要掌握面子的学问。场面上的事情，包含关系的亲疏、利益的多寡、人情的冷暖。做事掌握好分寸，更容易获得别人的认同，自然更容易成功。

满足人们"被尊重"的需求

1943 年，美国心理学家马斯洛发表《人类动机的理论》一文，提出了人的需求层次理论。他认为，人的需求有一个从低到高的发展层次。低层次的需求是生理需求，向上依次是安全、爱与归属、被尊重和自我实现的需求。

对照着这个理论，人们满足生理需求与安全的需求后，会越来越重视个体存在的价值，追求有尊严地活着。而"面子"可以说是一种特殊的尊严，是一种独特的心理需求。爱面子的人，绝不能容忍受到冒犯、如果你触动到对方的底线，会引起对方强烈的对抗，招惹许多不必要的麻烦。

在平等中获得尊重，是大家在交际中共同的心理诉求。那么，在交往过程中如何满足对方"被尊重"的需要呢？

第一，给他人想要的赞美。

要善于借用他人，特别是权威人士的言论来赞美对方，借此达到间接赞美他人的目的。权威人士的评价往往更具说服力，因此引用其言论来赞美对方会让其感到骄傲与自豪。如果没有权威人士的言论可以借用，借用普通人的言论也会收到不错的效果。

第二，保持一颗谦虚谨慎的心。

保持一颗谦虚谨慎的心会让自己更清楚什么是对的，什么是错的，做事情前也会三思，以避免失败，避免伤害他人。

第三，眼神 + 笑容，是对他人的尊重。

眼神交流也是一种有效的沟通方式，通过的眼神，可以窥探到对方的内心世界。清澈、明亮的眼神表明这个人性格单纯，平易近人；充满着慈祥和爱意的眼神表明对方懂得与人为善。

面带笑容是对他人的一种尊重，是缓和矛盾的法宝，能够使交际双方拉近距离。以笑容示人，你在对方心中便已经留下了好感。

第四，善于聆听对方的心声。

人与人交往，要想建立有效的沟通，需要认真聆听对方的心声。只有用心去聆听，感受对方的内心世界才能得知对方真正想要表达什么。只有用心去聆听，才能让对方感受到你的尊重，并得到对方的肯定和接纳，赢得对方的好感。

【办事心理学】

在与人打交道时，绝不能抬高自己、贬低他人，而应对所有的人给予应有的尊重——尊重他人的人格、个性、习惯、喜好和隐私等。

打圆场的"社交"艺术

所谓打圆场，是指当双方因争吵或不愉快的事情而处于尴尬境地时，和事佬站在第三者的立场上，帮助双方化解矛盾、消除争端。打圆场是从善意的角度出发的，以特定的话语去缓和紧张的气氛，在日常生活中有着积极的意义。

别小瞧打圆场的作用，运用得好，可以融洽气氛、缓和矛盾、平息争端、消除尴尬、打破僵局、解决问题。"救场如救火"，适当的时候出来打圆场，救了别人的场，别人还会心存感激，何乐而不为呢？

唐伟经营着一家面馆，因店里服务员少，遇到服务员忙不过来的时候他也会帮忙。

一天中午，店里有很多顾客，一位女士排队很久才等到位子。过了一会儿，服务员端来她点的面。这位女士看着端上来的面条想先尝一口汤，可能是汤的味道刺激了她的呼吸道，只听到"阿嚏"一声，她口里的汤喷在了对面一位男顾客的身上和碗里。

男顾客站起来，气冲冲地朝着女士吼道："今天我真是倒霉，碰到你这么个乱打喷嚏的人，今天这顿饭没法吃了。"

女士连忙为自己的不雅举动向男顾客赔礼道歉，对方见她态度诚恳，便不再说什么了。这时，这位女士对给她端面的服务员喊道："我说过不要放辣椒，你为什么要放？把老板叫来，不但要赔偿我的损失，还要赔那位先生的饭钱！"

服务员忙找来厨师，想让他证明面里没有放辣椒。一个说放了，一个说没放，女士和厨师吵了起来。围观的人很多，大家七嘴八舌闹得沸沸扬扬。

唐伟看到这里，心想：如果再这样闹下去，今天就做不成生意了。于是，他赶忙走到女士旁边说："大姐，今天这事儿就算啦！这顿饭当是我请了。

厨师，再下两碗面，和气生财嘛！"

听老板这么说，这位女士也觉得有些不好意思了。当两碗面重新放到她和那位男顾客面前时，大家竟像老朋友那样聊了起来。此后，他们都成了这家面馆的常客。

如果唐伟不站出来打圆场，相信女士和厨师还会继续争执下去。可见，当双方陷于尴尬境地的时候，如果有人能从旁边巧妙地打个圆场，紧张的气氛就会变得轻松。

打圆场看似容易，实则并不简单，这里给大家介绍几个技巧。

第一，说明事情真相，引导双方自省。

当产生矛盾的双方互不相让的时候，和事佬应客观地说明真相，不要发表任何评论，让双方从真相中进行自我反思，发现自己的错误，进而引导他们认识到自己也有错，各退一步，化干戈为玉帛。

第二，调虎离山，暂时熄灭战火。

有些争论如果不加以制止，很可能会发展成争吵。这时候，和事佬应当机立断，找借口把其中一人支开，让他暂时摆脱这个环境。等双方冷静下来之后，争执也就平息了。

第三，转移注意力，岔开话题。

当双方为一些非原则性的问题争执不下时，不妨换个思路，岔开话题，转移争论双方的注意力。

【办事心理学】

打圆场并不是不着边际的奉承，更不是油腔滑调的诡辩，在特定的场合中"察言观色"，适时得体地打圆场，能有效地摆脱尴尬和烦恼。

让人没面子，吃亏的是自己

打人莫打脸，骂人莫揭短。在中国，"面子"是很重要的，让别人没有面子，吃亏的不是对方，而是你自己。

人际交往中，如果你不顾别人的面子，总有一天会吃苦头，因此，聪明人从不在公开场合说别人尤其是上司的坏话，而是高帽子一顶顶地送。这样既给了别人面子，别人也会给你面子，彼此心照不宣。

春秋战国时期，齐国大夫夷射受齐王邀请参加宴会，陪齐王喝酒，喝得尽兴。宴会结束后，夷射由于醉酒就坐在门廊上休息。这时，守门人请求他赏赐一点儿美酒，结果有点醉的夷射没有答应，粗鲁地拒绝了守门人的请求。守门人感觉受了羞辱，决定报复夷射。

宴会散场后，守门人在门廊下泼了一点儿水。第二天清晨，齐王出门时看到模糊的水迹，就愤怒地问守门人："大胆，谁敢在这里撒尿？"守门人说："昨天晚上我看到夷射喝完酒在这里站了一会儿。"齐王听完后非常生气，觉得夷射当面一套背后一套，不容分说就把他杀了。

夷射死得很冤枉，他错在忽略了守门人的需求，驳了对方的面子。虽然守门人的做法很偏激，是打击报复的卑劣手段，但是因为面子之事而结怨的事情，并不少见。

"面子"到底是什么东西呢？面子其实就是尊严。谁都希望自己在别人面前有尊严，被人尊重。因此，与人相处时除了为自己争得面子，也别忘了给别人也留面子。

《圣经·马太福音》里有句话："你希望别人怎样对待你，你就应该怎样对待别人。"真正有远见的人，不仅要在日常生活中为自己积累最大限度的"人缘儿"，同时也会给对方留有相当大的回旋余地。

言谈中少用"绝对、肯定"或感情色彩太强烈的语言，适当多用"可能、也许、我试试看"和感情色彩不强烈的中性词，以便给自己多留些余地。

此外，替对方在别人面前说好话，主动祝贺对方的喜事，适度地吹捧对方，及时地化解对方的尴尬，将让你很快与别人建立良好的人际关系。

【办事心理学】

不要做有伤别人面子的事情，尊重对方，不管对方是大人物还是小人物，这样将有助于你建立良好的人际关系。

不要表现得比别人更聪明

有的人不喜欢听取别人的意见，自以为比别人高明，事事要占上风、出风头。殊不知，即使他们有很大的本事，见识比别人高明，也会因为锋芒毕露而令人不舒服，失去与别人建立融洽关系的机会。

美国南北战争时期，有一位名叫高尔顿的将军，很有军事才干，可是他口无遮拦，爱放大炮，不但使上司颇为难堪，自己也失去不少朋友。

有一年，高尔顿到斯科菲尔德军营观看演习，他对这次演习非常不满，就向指挥官递交了一份措辞激烈的意见书。这种作法是违反纪律的，因为他只是一名少将，无权指责一名中将指挥官。这样一来，他便招致上司的怨恨。

然而，高尔顿并未吸取教训。第二年，在观看一场战术演习后，他又一次递交意见书，指责指挥官和其他人员训练无素、准备不足，没有达到预定的演习目的。虽然这次他很明智地请副官代替自己签了名，但其他军官心里很清楚，知道又是他搞的鬼，所以联合起来声讨他。

众怒难犯，司令官没有办法，只好把这位爱放大炮的高尔顿从少将的位置上撤下来。就这样，本来很有前途的一位军事才俊中断了自己的美好前程。

人人都自以为比别人强，但关键是不要凸显自己高人一等，而要把光彩让给别人，这样才能换来别人对你的认同、支持和帮助。一舍一得，选择并不难。比如，同事帮你出点子、献策略，你如果不能立刻表示赞成，起码也要表示可以考虑一下，千万不要提出反驳意见。

处处表现自己的聪明，强调自己胜过他人，逞一时口舌之快，最终只会招来他人的嫉妒和怨恨，得不偿失。下面推荐几条处世之道，希望能帮到大家。

第一，允许不同意见存在。

在日常交往中，人们谈论的话题十有八九不是学术性问题，也不是国家外交上的原则性问题，所以没有固定的标准答案。因此，当你在发表意见的时候，千万别流露出你的见解高人一等的表情和语气。允许不同意见存在，是应该秉承的沟通原则。

第二，做事时懂得隐藏锋芒。

也许你的才华的确非常出众，但如果你丝毫不懂得收敛，在社会上也是很难立足的，而且还可能给自己带来负面影响。一个人在适当的地点和时间锋芒毕露是正常的，但是应该认清形势，不要不分场合地张扬，要懂得适时隐藏，要知道山外有山。一个人如果处处锋芒毕露，很容易得罪他人，也会为自己的前进之路制造阻力。

【办事心理学】

聪明，是一件好事，但处处显露自己的聪明，就是愚蠢的行为了。当你表现得比别人更聪明时，就是在给对方贴愚蠢的标签，怎能不招来嫉恨、谩骂呢？所以，大智若愚，应该成为你的行动准则。

如果别人都站着，你也别坐着

在社会上闯荡，要有生存的本领。首先，你要知道"社会"这个大环境有哪些运行规则。"社会"是什么地方呢？是是非之地，与人争执的地方。

试想一下，你恃才放旷，也许你的亲人、朋友和那些宽容的人，能够容忍你，但是对其他人来说，你无疑容易招惹麻烦。

三国时期，祢衡年少才高，二十多岁就跻身名士权贵之列。在祢衡眼里，其他人都犹如酒囊饭袋。

汉献帝初年间，孔融上书荐举祢衡，大将军曹操召见他。祢衡不知道天高地厚，出言不逊。曹操心中不快，便封他为击鼓小吏，以羞辱他。祢衡也因此更嫉恨曹操。

有一次，曹操款待宾客，让祢衡击鼓助兴。结果，祢衡竟当众裸身击鼓，扫众人的兴。曹操虽然对其恨之入骨，却并不想杀他，因为那样会坏了自己的名声。

后来，曹操把祢衡送给了荆州牧刘表。不久，祢衡又因倨傲无礼，得罪了刘表。刘表也是个聪明人，他不杀祢衡，把他打发到江夏太守黄祖那里去了。

在黄祖那里，祢衡仍是率性如前。有一次，他当众顶撞黄祖，骂他"死老头，你少啰唆！"黄祖一怒之下就把他杀了。

祢衡才华横溢，死时只有 26 岁。这场杀身之祸，其实早已注定，皆因为他恃才傲物，不懂得收敛自己的锋芒。

坦率地说，一个人有才华，有个性，固然好，但是，个人才智始终是有限的，在社会上，你始终离不开他人的帮助，所以除了有能力，还要懂得建立关系、发展关系，包括对他人和环境的审视、知晓、防范和利用。

太有个性的人，行事太出格，容易把自己暴露在众目睽睽之下，这无异于把肉放在砧板上，任人宰割。因此，做事时务必要收敛锋芒，让别人有面子，自己也能因此受益。

【办事心理学】

你要懂大局，知道维护大局的重要意义。只图自己痛快，不考虑别人的想法，就是在四面树敌，早晚会害了自己。

Chapter 09 这些事，要把握分寸

做得恰到好处，才能令各方满意

不同的场合、不同的对象、不同的时机，要用不同的方式和策略。聪明人懂得拿捏分寸，无论做什么都令人满意，让人内心愉悦。

保持距离，关系才能更近

"距离法则"又称"刺猬法则"，主要强调的是人际关系中的"心理距离效应"。它来自于冬天两只刺猬相互靠近取暖的实验：两只刺猬取暖的时候，靠得太近，彼此身上的刺会扎到对方，离得太远，又不暖和，只有保持适中的距离，才即不会被扎到，又能取暖。

这个实验生动地诠释了人际关系的微妙之处，美国精神分析医师布列克将其称为"刺猬式"的交往方式。为了赢得认同而失去自我，那交往就变成了奴役。所以，在人际交往中，一方面要和他人保持亲密关系，另一方面又要掌握分寸，保持一种"亲密有间"的关系。

哈佛大学教授把"社交距离"分成亲密距离、私人距离、礼貌距离、一般距离四种。每一种社交距离都对应着一种的社交关系。只有在距离合适的情况下，双方的关系才能保持融洽。

珍妮刚与男友确立恋爱关系的时候，度过了一段温馨甜蜜的时光。但在一起的时间一长，男友就暴露出许多不良习惯，这令珍妮感到厌烦。而在男友看来，珍妮也褪去了神秘的光环，变得世俗而平庸，于是两个人争吵的次数越来越多。

有一次，珍妮因为工作出差一个月，没想到出差时她竟然又找回了"距离"带来的甜蜜。这是两人确立亲密关系以来，第一次分开这么久。最初几天并没有什么异常，但一个星期后，她就开始思念男友在身边的日子。

随着日子的推移，珍妮对男友的思念也日益加深。不仅如此，她还想起了许多男友的优点，就连以前的抱怨也烟消云散了。出差结束后，珍妮急不可耐地回到家，一开门，就被男友拥进了怀里——原来在她离开的这段时间里，男友也在思念着她，并为她准备了惊喜。

甜蜜的爱情除了需要情侣双方相互尊重，保持精神上的独立之外，还需要双方有一定的克制能力。如果必要，甚至需要人为地制造障碍，使双方保持一定的空间距离和心理距离。如果两个人每天寸步不离厮守在一起，重复着千篇一律的生活，无论多么深厚的感情都会产生审美疲劳，情侣之间的新鲜感和神秘感也会消失，爱情热度自然会降低。

保持适当的距离并不会对彼此的感情造成影响，毕竟相爱的两个人只有在分离的时候，才更能体会到爱情的不易。这正应了那句歌词："得不到的永远在骚动，被偏爱的都有恃无恐。"

在人际交往中，空间距离并非固定不变，它具有一定的伸缩性，这要由具体情境和交往双方的关系、性格特征、社会地位、心境以及文化背景等决定。与人交往，一定要把握好分寸，尽管我们有着良好的愿望，希望自己拥有的人际关系亲密度越高越好，但仍需须记得"亲密并非无间，美好需要距离"。

【办事心理学】

与他人保持心理距离，可以避免对方紧张，减少相互之间的猜忌、算计等不良行为。这样做既可以获得他人的尊重，又能保证在交往中不丧失原则，真正做到了"疏者密之，密者疏之"。

太较真，会把局面搞砸

"认真"和"较真"虽然只有一字之差，但是却代表了两种完全不同的心理。认真的人专注于事情的完整性、正确性、合理性，所以办事效率高，质量好；而较真的人痴迷于事情的细枝末节，所以容易一叶障目，效率低下。

过于较真，是一种心理疾病。心思过于执拗，喜欢钻牛角尖，不懂拐弯，揪着一件事不放，这样既会破坏你与他人的关系，也会影响你的心情。

凡事都分轻重缓急，如果事事都较真，我们既没那个时间，也没那个精力，更会在较真中错过更加重要的东西。学会具体情况具体对待，对症下药，该认真的时候滴水不漏，该放松的时候一笑而过，这样才能把事情处理得圆满、妥当。

乔伊在一家经纪公司上班。有一次，经理请所有员工到家中吃饭，专门从纽约买来了龙虾。但因为一时疏忽，龙虾少了一份，正好没有乔伊的，他看到大家吃得津津有味，很懊恼。

谁都没有想到，他居然怒气冲冲地走到经理面前，夹起盘子中的龙虾大口吃起来。这简直是一种挑衅，自然引来了经理的不悦。当时场面十分尴尬。

过了一段时间，经理与新招聘的秘书参加酒会，竟然偷偷在包间里幽会。乔伊尾随其后，悄悄将其拍了下来，并卖给了八卦杂志。随后，经理的家里爆发大战，闹得鸡犬不宁。受此影响，公司生意连续丢了几个大单，乔伊与其他几个人因此被裁员。

那次聚餐时少一份龙虾本来是一场误会，但乔伊始终放不下，非要给经理难堪。最后，经理尝到了苦头，公司业务大受影响，而乔伊也丢了饭碗。

如果不能放下偏执的情绪，就会陷入死胡同。在处理感情问题时，这一点体现得尤其明显。在婚姻关系中，夫妻双方经常因为鸡毛蒜皮的小事纠缠不清，到头来弄得两个人都疲惫不堪。然而，生活不就是由这些琐碎的小事组成的吗？如果事事计较，无疑会给平静的生活带来麻烦，甚至影响夫妻感情。

劳拉经常和丈夫吵架，原因是两个人都喜欢较真，彼此都不懂得谦让。没有人肯主动低头，矛盾就不可避免了。

有一次，两人准备出门，丈夫对劳拉说："亲爱的，今天去吃法国大餐吧！"

劳拉生气地说："为什么？法国菜那么贵！"

丈夫神秘地说："今天是我们结婚十周年纪念日，值得庆祝一番啊！"

劳拉更生气了："纪念日是后天，你怎么能记错呢！"

"不对，就是今天！"丈夫坚信自己没有记错。

两个人争来争去，谁也不肯退让。最后，劳拉气得跑进屋，拿出结婚证，让丈夫看上面的日期。结果，丈夫甩门而去。

这件事到底该责怪谁呢？其实，两个人都有错。如果双方都太较真，小问题也会成为大麻烦。因为一时争执，错过了一个美好的夜晚，破坏了夫妻感情，又何必呢？

不涉及原则性的问题，睁一只眼闭一只眼也就过去了，不要抓着问题不放，忽略对方的感受。凡事对人宽容一些，包容他人的失误和缺点，更容易收获融洽的关系。

太较真，会让自己的心情处于紧张状态，容易导致心理扭曲，进而对事情失去正确的理解和判断。

【办事心理学】

"较真"是一种强迫情绪，迫使别人按照自己的意愿行事。现实很复杂，事物具有多样性，不妨试着宽容一些，多听听他人的意见，看看他人的做法，也许思路和心胸都会开阔很多，人生格局也会变得更宏大。

不要把话说得太满

与人沟通时，不要把话说得太绝对，不要把对方"赶尽杀绝"，让对方没有台阶下。办事没有分寸很容易得罪人或与人结怨。

不把话说满也表现在不要对他人太早下论断，比如"这个人一辈子没出息"、"这个人完蛋了"之类的话。与人沟通的时候，要多用不确定性的词，可以是"可能"、"也许"，可以含糊其辞，总之要留下回旋的余地。

不确定的词句可以降低人们的期望值。你若不能顺利完成某件事情，就用不确定的词，这样，人们因对你期望不高，总能谅解你。甚至他们会因为看到你的努力而表扬你的成绩。如果你能出色地完成任务，他们往往喜出望外，这种增值的喜悦会给你带来很多好处。

虽然能言善辩是件好事，会对沟通起到一定的作用，但是也要注意说话方式，给人留下台阶，给人留足面子，同时也给自己留条后路。

从人际关系学的角度来说，人人都讨厌大话连篇的人，他们吹得天花乱坠，却不见实际行动，难免让人觉得难以信任。不如低调一点，多干活儿少说话，用实际行动证明自己的价值。

某家宾馆的服务员，发现客人马先生结账后又住回了房间里，而这位马先生是经理的亲戚，怎么办呢？

无奈之下，该服务员把这件事推给了公关部，公关部的一位同事却是这样与马先生沟通的，他敲开马先生的房门说："您好！您是马先生吗？"

"是啊！您是？"

"我是公关部的，您来几天了，我们还没来得及来看您，真是不好意思。听说您前几天身体不舒服，现在好点了吗？"

"谢谢您的关心，好多了。"

"听说您昨天已经结账了，结果没有走成。这几天天气不好，是不是飞机取消了？您看我们能为您做点什么？"

"非常感谢！昨晚结账是因为我的表哥，也就是你们经理今天要回来，我不想欠的账太多，先结一次也好。大夫说，我的病还需要观察一段时间。"

"马先生，您不要客气，有什么事只管吩咐好了。"

"谢谢！有事我一定找你们。"

这位公关部的工作人员去找客人谈话的目的，是要弄清楚客人到底是走还是不走。如果不走，就弄清楚原因。但这个问题不好问，问不好既得罪客人又得罪经理。她的话说得非常含蓄，先寒暄一下然后问客人需要什么样的帮助，关心的话语使客人深受感动，不知不觉中就说明了原因。她的话语技巧很高超，回旋的余地很大。

说话要把握分寸，给自己留有余地，这需要注意以下几点：

第一，在与人交往中，对别人的请托可以答应，但最好不要"保证"，可以使用"我尽量""我试试看"等字眼。

第二，无论何时，说话的时候都要提醒自己，要给自己留余地，使自己可进可退，就像在战场上一样，进可攻、退可守。

第三，话要说的圆润一些。即便理在己方，话说得太直，也容易惹恼对方。说得圆润一点，才会有回旋余地，更容易实现谈话的目的。

第四，话不说过头。凡事都有一个度，在别人能够接受的范围内说话更容易被人接受，如果超过了这个度就会让对方难以接受。

【办事心理学】

事情做绝、不留余地、不给别人机会、不宽容别人，都是不理智的行为。无论矛盾有多深，都不要说出"势不两立"之类的话，否则日后万一有合作的机会，一定会左右为难，尴尬万分。

同理心太强不一定是好事

情商高的人能感知他人的情绪和心理，准确理解他人的想法，从而可以更高效地与人沟通、交往。他们善于换位思考，同理心很强，任何时候都善解人意。但是，经常代入他人的情绪世界，难免会受到不良情绪的影响，无端生出各种烦恼。

同理心（Empathy）是通过感知和想象他人的情绪状态，体验他人的感受，或在特定情境中会有什么感受的心理过程。也就是说，同理心是站在他人的立场思考问题的移情能力。显然，同理心强的人能充分体会他人的感受，理解他人的情感。

然而，过于在乎他人的感受，有时会被对方牵着鼻子走，乃至失去自我。对一个情绪控制能力差的人来说，同理心太强不一定是好事。

珍妮在旧金山从事心理咨询工作，经常帮助那些在生活中陷入困顿的人摆脱烦恼。由于专业知识深厚、实践经验丰富，她在业内小有名气。

在感情上屡屡受挫的人上门求助，珍妮会帮助其分析性格上的偏差，找到改善自我的方法；在工作中无法与同事相处的人慕名而来，珍妮会从提高情商入手，帮助他们学会与同事相处，积极融入团队。

还有一些脾气暴躁，甚至神经质的人找到珍妮，向她倾诉内心的种种不满，希望从痛苦中解脱。通常，这类人是最棘手的，也会耗费珍妮更多的精力。

珍妮始终以专业精神帮助顾客解决各类心理问题，但是时间一长，她发现自己越来越焦虑。丈夫也发现了珍妮这种变化，提醒她放松，不要给自己太大压力。

然而，随着时间的推移，珍妮发现自己的精神状态越来越糟糕，有时候甚至会与顾客争执起来。事后，珍妮后悔不已，为什么自己会情绪失控呢？最后，她找到了大学时代的老师，希望能获得帮助。

听完珍妮的倾诉，老师微笑着说："你要充分理解顾客的心理需求，难免会不自觉地进入他们的情绪状态。时间长了，你自然会体验到各种不良情绪，并深受其害。"

接着，老师指着地上的垃圾桶说："就像它一样，被各种垃圾填满，怎么会有好心情呢？你有很强的同理心是你工作的优势，但是如果无法及时从不良情绪中脱身，这反而会伤害到你。"

听完老师的分析，珍妮终于找到了自身的症结，并开始尝试摆脱各种负面情绪的干扰。

她的经历提醒我们，一个人有同理心是好事，但是如果同理心太强也可能会变成坏事。

研究表明，"同理心"包括认知同理（cognitive empathy）和情感同理（affective empathy）。其中，"认知同理"是指准确地感知、理解和预测他人情绪的能力，也就是推断他人心理状态的能力。"情感同理"是指分享他人情绪的能力，以及对双方感受进行区分、比较的能力。

同理心强的人情感丰富、洞察力敏锐，能在第一时间感知他人的心理变化和情绪波动，也会在无形中让自己产生相同的情绪体验。但是，这种情绪体验如果是消极的、不良的，而当事人又无法及时从中抽身，时间久了就会反受其害。

【办事心理学】

对那些无关紧要的人和事，不必放在心上，因为你暗中为此抓狂，非但无法帮助他人，还会先乱了自己的心绪，让自己成为一个受害者。

Chapter 10 这些事，要投其所好

真正的"取悦"不是虚伪，而是温暖

想要赢得他人的认同，得到他人的支持，需要在言语和行动上能够"投其所好"。满足了他人的心理预期，令他人感觉到真诚和温暖，自然容易实现心中所愿。

提升对方的权威能赢得好感

经验表明，提升对方的权威，会更容易让对方服从。事实上，你的行动满足了对方受尊重、实现自我价值的需求，自然会得到回馈，即对方会在心理上认同你，甚至接受你。由此来看，如果想要改变他人的意志，就要主动提升对方的权威。

当我们想要达成预期目的时，不妨给对方增加一点权威，让他们体会到居高临下的感觉，而后一切都会水到渠成。

卡耐基在纽约的家几乎处于这座城市的地理中心点上，从家步行一分钟，便能走到一片森林。空闲的时候，他就带着自家的小狗雷斯来这里散步。它是一只小波士顿斗牛犬，非常听话，从来不伤害人。因为公园里的人很少，所以卡耐基从来不给它系狗链或戴口罩。

有一天，当卡耐基正在和雷斯嬉戏玩耍的时候，一位骑着马的警察将他拦下来。警察迫不及待地要表现自己的权威："你为什么让狗跑来跑去，还没有给他戴上口罩，甚至连狗链也没有。"警察说话的语气非常严厉，卡耐基似乎感受到了他胸腔里的怒火。

"是的，我的确认为这样做不妥，但是我的小狗并不会咬人。"卡耐基回答道。

"你这样做是违法的，你知道吗？法律可不管你怎么认为的，据我观察，你的狗是一只猎犬。它可能在这里咬死松鼠，咬伤小孩子。这次我不追究，但假如下次看到它还没系上狗链或戴上口罩，你就去跟法官解释吧。"

卡耐基连连点头，应声答应一定照办。可是雷斯并不喜欢戴口罩，喜欢自由自在地玩耍，他也认为戴上口罩是不人道的。因此卡耐基决定碰碰运气，把警察的话抛诸脑后，继续带着雷斯在公园里玩耍。但过了没几天，卡耐基又碰到了一位警察。

看到警察走过来，卡耐基决定不等他开口就先发制人。他说："警察先生，真不好意思，你当场逮到我了。我有罪，我认罚，没有任何托辞。上个星期就有警察提醒过我，如果再带小狗出来而不带口罩的话就要接受惩罚。"

警察听了卡耐基的话，显然有些愣住了："好说，好说，我知道在没有人的时候，谁都会带一只可爱的小狗出来玩耍。我能够理解你的心情。"

"是的，但我这样做却违反了法律。"

"像这样的小狗大概没有威胁性吧。"警察开始为卡耐基主动开脱。

"不，它可能咬死松鼠。"卡耐基强调潜在的危险性。

"你可能把事情想得太严重了，这样吧，现在你带着小狗到另一个地方去，我就当什么都没看见，什么都没发生，这件事就这么算了。"

于是，卡耐基带着自己的小狗又躲过了一劫。这件事处理得这么圆满，其实并不难理解。那位警察也是一个人，他想要的就是作为一名重要人物的感觉。当卡耐基主动示弱，表现得楚楚可怜时，警察的权威感便油然而生——卡耐基的命运似乎就掌握在警察的手中，随他任意处置。

当你站在对方的立场上说话时，对方也会考虑你的诉求，所以适当的恭维和奉承也就必不可少了。为什么有的人能将一件棘手的事情在和谐的氛围中处理妥当，这就在于他们懂得让对方获得心理满足、获取被承认的权威。

与那些爱找茬、喜欢挑刺的人打交道，要学会示弱，满足对方保持强势心理的需求，把对方要责备自己的话先说出来，令其无话可说，这样，对方甚至会为你开脱。这些都是通过提升他人权威，进而影响其行为的有效方法。

【办事心理学】

提升对方的权威能够满足其心理需求，使对方放弃计较之心，尊重你的意愿。

顺着对方的脾气行事

谁都有发脾气的时候，永远保持心平气和并不容易。区别在于，有人脾气大，有人脾气小，有人乱发脾气，有人故意用发"脾气"达到一定的目的。

比如，在职场中，公司领导有时也难免发脾气。一般来说，公司领导发脾气往往与工作有关，即有意无意地用发脾气的手段达到特定的管理效果。

愤怒对一般人而言，是一种应该控制的不良情绪，但对于领导而言，往往代表着一定的权威。这一点可以从战场上前线指挥员的行为态度上得到验证。很多指挥员会发着脾气指挥作战，这样往往能振奋士气。

假如，上司在指挥工作时，其指令不能对下属产生心理震撼，往往会影响工作效率。所以，通常情况下，权力越大的人脾气往往也越大。当然，我们这里所说的脾气是指在理智控制下的"脾气"，超过理智界线的"脾气"常常会导致相反的效果。

下属在与上司打交道时，必须正确对待和妥善处理上司发脾气的问题。否则，要么会使上司小看你，要么会激化双方的矛盾，从而使一方或双方遭受损失。

对待上司发脾气的正确态度是：只要上司不是有意侮辱你的人格，或故意找茬儿，你都应该忍让。特别是当你在工作上出了差错，上司发脾气时，你不仅应该忍耐，而且应主动认错或道歉。

事实证明，纠正一个人的错误最好的方法，不是和风细雨，而是适当发点儿脾气，只要掌握好分寸，后者的教育效果往往优于前者。

假如上司发脾气时，你认为自己受到了委屈，也不要当场顶撞，还是要忍耐。不过，你可以等上司冷静之后再向其解释。当然，这是指比较重大的事情，对于一些不涉及切身利益和个人尊严的小事情，你则大可不必与上司斤斤计较。

需要指出的是，那些在上司发脾气之后，特别是受了委屈仍能主动向上司表示亲近的员工，会被视为聪明的、有理智的人。这不是委曲求全，而是一种良好的修养。最愚蠢的行为，莫过于当场与上司对抗、顶撞。

当然，对于那些品质恶劣、视员工为奴隶，动辄以发脾气来压制下属的上司，我们并不提倡逆来顺受。具体来说，有以下建议。

第一，绵里藏针。你可以采取比较平和的态度、强硬的措辞，向上司表示反抗。

第二，旁敲侧击。你可以采用"借喻"、"比喻"、"暗喻"的手法，向上司表示反抗。

第三，针锋相对。对于低素质的上司，你不必忍让，"针锋相对"往往能使对方有所收敛，但是必须要有理、有利、有节，不可随意扩大矛盾。

【办事心理学】

聪明的下属与领导相处，懂得顺着对方的脾气行事，充分照顾对方的感受，从而顺利实现预期目标。

相悦定律：喜欢是一个互逆过程

结交朋友时，你的标准是什么呢？是漂亮、智慧，还是他们的权势呢？或许，这些都是你们成为朋友的因素之一，然而，真正可以维系友谊的是彼此之间的喜欢。当你表现出亲近时，对方是可以感受到的，并且这种愉悦的心情是会相互感染的。

你无意中听到某人与他人谈论你，并且直接表达出对你的态度。当你们被安排在一起工作时，你就会以之前无意中听到的谈话内容为依据，对这个人做出大致的判断。如果他表达了对你的喜欢，你自然也会对他表达热情和友善，这样的合作会令工作效率得到提高。

但是，如果对方表现的是冷漠或厌恶，那么你在潜意识中，也会不自觉地对他持排斥心理。因此，面对喜欢的人，我们常常会持积极的态度，这就是所谓的相悦定律。

有一位老师在班里做过这样一个实验：他要求学生把自己喜欢和讨厌的人的名字写在一张纸条上，然后把纸条交上来。他从这些纸条上发现，一个学生写下的自己所喜欢的人，同时也喜欢他，并写在了自己的纸条上。而他所讨厌的人，同时也在纸条上留下了他的名字。双方同时都认定对方是自己喜欢的或者讨厌的人。因此，这种感觉是彼此都可以感受得到的，是一种相互的关系。

其实，男女之间并没有那么多的一见钟情，多是从某一方单方面的喜欢开始的。某一方经过不断的努力感动了对方，最后两个人走到了一起。因此，所谓喜欢的互逆过程，就是在所有外在条件都相同的情况下，人们都比较倾向于喜欢自己的人，尽管彼此的"三观"并不是那么契合。

在人际交往中，为了使自己不碰壁，我们都倾向于选择与喜欢自己的人交往。所以，试着让别人喜欢自己，在社交中非常重要。别人只有喜欢你，才会愿意认识你，并和你交往。那么，该怎样让别人喜欢你呢？

其实，如果你学会发现别人身上的优点，学会赞美别人，找出你们共同的兴趣爱好，并且尊重你们之间存在的差异，那么就很容易获得对方的认可。

一名销售专家曾说，如果想成为一名出色的推销员，必须对自己的工作充满热情，熟悉每一件要推销的产品，但更为重要的是：喜欢你的顾客。因为在推销的过程中，只有顾客喜欢你，才会对你的产品感兴趣，从而顺利把产品推销出去。

【办事心理学】

获得别人认可的过程，其实就是推销自己的过程。热情地对待别人，多发现别人的优点，而不是抓着对方的缺点不放，这样，会更容易让别人对你产生好感。

多聊对方感兴趣的话题

失败的聊天模式是一直谈论自己感兴趣的话题，而对方却不一定对这个话题感兴趣。如果对方对你谈论的话题毫无兴趣，对方会是什么反应？要么硬着头皮继续听你不厌其烦的谈论，适当的时候冲你点点头或者微笑以表示尊重；要么心生反感或厌恶，找各种理由中止谈话。

显然，这种令人感到乏味的聊天会让别人对你留下不好的印象，从而产生不愿意继续与你相处的心理。最终，你的朋友会越来越少。与人交往，聪明人懂得投其所好，会选择对方感兴趣的话题，这是打开对方话匣子的前提，是彼此能够顺利沟通的重要保障。

一家杂志的摄影师邀请某知名女模特拍摄杂志封面。该模特是出了名的难合作，跟她合作过的人都对她大伤脑筋。

见到这个模特的时候，摄影师十分紧张。模特说："我只有一个小时的时间，拍完后把照片给我的助理看一下，如果他不满意的话，你们就要重拍，不过重拍的时间要等我的助理通知你们，因为我一周只接一次活动。"摄影师刚与她见面，她就给他来了一个下马威。

摄影师听后没有接这个话茬，而是换了个话题："久仰您的大名，咱们先聊几分钟，一会儿再给您拍摄。"见摄影师对自己如此崇拜，模特便点了点头，说："好吧，先聊一会儿！"摄影师继续说："听说您去参加巴黎时装展了，看到您的穿搭，太有范儿了，网友们直呼太美了，不仅长得漂亮，还很懂服装搭配。"

摄影师把前几天在新闻上看到的有关该模特参加时装周的报道搬出来。"是吗？其实服装搭配这方面我不是很懂，都是我的经纪人和经纪公司帮我搭配的。"模特略表谦虚。"其实您平时的穿搭也很有品味，就拿今天来说，今天这一身服装就很有格调！"摄影师竖着大拇指对她称赞道。

模特微微一笑说："今天这套衣服是我自己搭配的！"摄影师又赶忙说："很不错，这套衣服很配我们本期杂志的主题，相信拍出来后会特别有型、特别美！""那我们赶紧拍吧！"见她如此合作，摄影师感到十分兴奋。拍完后，模特交代助理不用去看底片了，她表示完全相信摄影师，并表示期待下次合作。

摄影师抓住了模特感兴趣的话题，使得模特与他产生共鸣，对他产生信任，并很快敞开心扉。融洽的谈话氛围很快促成了合作。

通常情况下，人们更愿意与那些同自己有共同话题的人交往。与人打交道，多谈论一些对方感兴趣的事，无形之中暗含了对他人的赞美和肯定，可以消除对方的戒备心理、使对方对你产生信任、赢得对方好感。

那么，如何才能快速得知对方感兴趣的话题呢？

第一，从对方的职业出发。

可以先从对方的职业切入，聊一些与对方职业相关的话题。比如对方是一名律师，你可以就做律师是不是很辛苦或相关案例跟他讨论。

第二，通过他人收集信息。

通过向他人询问，来了解对方感兴趣的话题，然后将这些信息收集起来，待与对方沟通时再从中选取相关内容。这样既能让对方感到受尊重，又赢得了对方的好感与信任，有利于拉近彼此间的距离。

第三，坚持充分调查。

如果想对方留下良好的印象，不妨在和对方交流之前先做功课，了解一下其为人及兴趣爱好。只有在充分了解对方的前提下，才能走进对方的内心世界，才能在交谈的过程中抓住对方感兴趣的点。

【办事心理学】

"话不投机半句多"，与人沟通要从对方感兴趣的话题谈起，让对方打开话匣子，这样更容易与对方建立友好的关系。

帮忙：赢得好感的不二法门

每个人都有遇到困难的时候，这时最需要的便是来自他人的帮助。与人交往，当别人有需要时，主动向别人提供帮助，既收获因帮助他人带来的愉悦，又能赢得对方的好感，拉近彼此之间的心理距离。

一个读书人到外地谋生计，在集市上遇到一位在叫卖竹扇的老婆婆。老婆婆衣衫褴褛，一看便知她生活十分贫苦。眼见她提着一篮子竹扇在集市上辛苦叫卖，却没有顾客前来购买，读书人深表同情。

为了能够帮助贫苦的老婆婆赚钱谋生，这个读书人想到了一个办法。他走到老婆婆面前，说："您这样叫卖也不是一个办法，我来帮您出一个主意吧！"于是，他拿出老婆婆篮子里的扇子，逐一在上面题了字。

读书人写的字清秀脱俗，很快吸引了许多人购买，很快篮子里的扇子便被抢购一空。老婆婆数着赚来的钱，心里乐开了花。她充满感激地读书人说："真的非常感谢您，谢谢您对这个老婆子的帮助，有了这钱，我就可以买米下锅了。"

读书人笑着说："举手之劳，婆婆，您快去买米吧！"老婆婆高兴地回答道："我这就去。"这一切，都被旁边一位微服私访的官员看在眼里，并对这位读书人心生好感。随后，他走过去与读书人交谈，对其学识有了进一步了解。

最后，这位官员将读书人带回驿站，提出让他追随自己做事。听到这里，读书人大喜过望，终于找到了一份好差事。

为他人提供帮助，他人便会对你心存感激，哪怕这个帮助很小，小到不值一提。帮助他人便是帮助自己，周围的人得到你的帮助，便会在心里对你产生好感，你们之间的关系也会更加融洽，这也会为你赢得好人缘。

帮忙是人际交往中赢得对方好感的不二法门。要想赢得对方的好感，在对方遇到困难的时候就要主动去帮助对方，为此，应该遵循以下原则：

第一，勿以善小而不为。

不要认为是很小的事情就不去做。帮助他人不分事情价值的大与小，只要在他人遇到困难时，在他人需要我们提供帮助时，我们便要向他人伸出援助之手。尽管有时候小小的帮助微不足道，但是帮助他人的善举已经为你赢得了他人的好感，即使有时对方不会直接对你说类似感激的话，他们对你也是心存感激的。

第二，主动提供帮助。

不要等到对方说出需要帮助的时候才出手，要主动为对方提供帮忙，这会让对方提升对你的好感。积极主动地为对方提供帮助，显示出你的细心与真诚，你的好人缘便由此而来。

第三，不应索取回报。

给予他人帮助后，不要向对方索取回报。帮助他人本质上也是在帮助自己，因为在你向对方伸出援助之手后，对方会对你心存感激，当你遇到困难时，对方同样会帮助你。为他人提供帮助，其实是在扩大你自己的社交圈子。

【办事心理学】

当别人有需要时，主动向他们提供帮助，既体会到了帮助他人所带来的愉悦，又赢得了对方的好感，拉近了彼此之间的心理距离，何乐而不为？

Chapter 11 这些事，要利益共享

让对方获利，最终会为自己带来更大收益

事业的发展是建立在与人合作的基础上的，事前与他人积极合作，事后懂得利益共享，是维持长久合作、实现共赢的法则。聪明人懂得与人分享利益，所以能持续获得更大收益。

分享原则：不要一个人吃"独食"

分享是一种境界，一种智慧；是与人方便，自己方便。分享一定会得到回报，只不过这种回报有时候看得见，有时候看不见，看得见的回报自然好，看不见的回报也是一种精神上的财富。

予人玫瑰，手留余香。托尔斯泰曾说："神奇的爱，使数学法则失去了平衡：两个人分担一份痛苦，只有一份痛苦；而两个人共享一份幸福，却有两份幸福。"

树上落着一只乌鸦，乌鸦的嘴里衔着一大块肥肉，这块肉是它找到的，它绝对不会分给其他乌鸦。但是，追踪这只"富有者"的乌鸦成群飞来，它们已经追了很长时间，不得不落在树上歇息。那只嘴里衔着肉的乌鸦也累了，它吃力地喘息着。这么一大块肥肉不可能一下子吞下去，但如果放在地上啄碎再吃，周围的同伴们便会猛扑过来争抢。所以，它只好停在那儿，保卫嘴里的那块肉。

突然，一不小心，肉从这只乌鸦嘴里掉了下去。所有的乌鸦都猛扑到地上，一只机灵的乌鸦在这场混战中抢到了那块肉，展翅飞走了，其余的乌鸦紧随其后……就这样，追来追去，那块肉在一次掉到地上时被一只狼叼走了。乌鸦们谁也没有吃到。

这些乌鸦都想吃独食，它们不懂得分享，结果谁都没有吃到那块肥肉。分享与吃独食是相对立的，而后者常被视为自私自利的表现。当一个人主动与别人分享本属于自己的一份东西时，常常会赢得别人的好感，从而为进一步交往打下基础，而那些习惯于吃独食的人则很难有很好的人际关系。

《诗经》里有这样一首诗："呦呦鹿鸣，食野之苹。我有嘉宾，鼓瑟吹笙。吹笙鼓簧，承筐是将。人之好我，示我周行。"意思是说，鹿一旦发现一处水草丰美的地方，就会高声呼叫同伴，来一起分享上天所赐的美宴。我们如果能像鹿一样学会分享，心胸便会宽广几分。

分享是一种修养。下雨天，当你看到有人没打伞，你会跟他分享一把雨伞吗？午餐时，同事因忙于工作没有吃饭，你会跟他分享你带的便当吗？还有，当你快乐的时候，会跟你的朋友们分享你的快乐吗？……

在澳大利亚有关交通法规的书上，第一条是交通部长给初学驾驶者的忠告："学习交通规则的本质是懂得和别人分享道路。"道路需要和大家分享，生活更应该彼此分享，分享喜悦、分享成就、分享快乐……分享之后，你会觉得这些东西更有价值。

【办事心理学】

你如果感到痛苦，可以把心事说给别人听，这样会感觉痛苦少了一半，事情并不会像你想象的那么糟糕。快乐需要分享，痛苦也可以分享。分享快乐，快乐加倍；分享痛苦，痛苦减半。

互惠法则：双赢胜过单方受益

心理学家做过一个实验：从一群素不相识的人中随机抽取出一些人，给他们寄去圣诞卡片。不久之后，大部分收到卡片的人都给心理学家寄回一张卡片以示感谢，而这些人与这位心理学家并不认识。

虽然这位心理学家想到了会有反馈，但这个结果仍出乎他的意料。给他回赠卡片的人，应该没有打听过寄卡片的人到底是谁。收到卡片后，他们本能地回赠了一张。也许他们在想，可能自己忘了这个人是谁了，或是这个人记错地址和名字了……不管怎样，自己不能欠人情，回寄一张，总是没有错。

这个实验证明了互惠原则的作用。当我们从别人那里得到好处时，总是在想着尽快回报对方。如果一个朋友帮了你，你也会在合适的时候给予对方帮助，或者赠送礼品表达感谢。这种互惠互利便达到了双赢，而这种双赢永远好过单方受益。

第一次世界大战期间，德国特种兵中有这样一支队伍：他们的任务是深入敌后，把敌方的士兵抓回来审讯。

由于当时打的是堑壕战，大队人马很难穿过两军对垒前沿的无人区，而一个士兵悄悄爬过去，溜进敌人的战壕，相对来说就容易得多。

其实，不光德国有这样的特种兵，敌方也有这样的特种兵。特种兵巴特曾多次成功完成这样的任务，所以这次又被派去执行任务。他熟练地穿过两军之间的区域，很快便出现在敌军的战壕中。

在敌军战壕中，一个放哨的士兵正拿着一块面包吞咽，他毫无戒备，一下子便被缴了械。这时，他本能地把举在眼前的面包递给了对面突然出现的敌人。

巴特被眼前这个敌方士兵的举动打动了，随后做出了让人吃惊的一个决定——他没有俘虏这个敌军士兵，而是自己爬回了德军战壕，虽然他知道回去后会受到处罚。

为什么巴特会被一块面包打动呢？人的心理其实是很微妙的。如果有人对自己好，我们就想要回报对方。虽然敌军士兵只是把一块面包递给了巴特，也许巴特并不需要那块面包，但是他仍感受到了对方的善意，正是这种善意在一瞬间打动了他。怎么能把一个对自己好的人当俘虏抓回去，甚至要了他的命呢？

巴特不知不觉地受到了心理学上"互惠原则"的影响：得到对方的恩惠，就一定要有所报答。这是人类社会中根深蒂固的一个行为准则。

在社会交往中，朋友间维护友谊需要互惠原则；在爱情中，男女双方也需要互惠原则。世界上很少有绝对无私的奉献，绝大多数关系需要保持一种利益的平衡，如果这种平衡被打破，关系便会破裂。

【办事心理学】

人与人之间的交往，就像坐跷跷板，要高低交替，不能永远固定某一端低，某一端高。一个永远不肯吃亏、不肯让步的人，即使得到了好处，也是暂时的，只想得到不想付出的人迟早会被别人讨厌和疏远。

分配利益的时候要谦让

分配利益的时候要谦让，出现失败的时候要勇于承担责任，这才是成大事之人的所作所为。一个人如果一味和别人争夺利益，只能给自己四面树敌，无法赢得信任与支持。

要想从小做大，靠一人之力难有所为，此时，就需要在寻求共同利益的基础上求得合作，共谋发展。成功的生意人都有许多朋友，他们深知"众人拾柴火焰高"的道理，为了取得共同的利益，愿意给员工让利，也善于帮助合作伙伴做成交易。

李嘉诚就是一位愿意让利于员工的企业家，在公司有所成就时，会及时让下属分享利益。例如，马世民离职前，年薪及分红共计1000万港币，这个数字相当于当时港督彭定康年薪的4倍多。至于马世民的其他非经常性收入，则很难计算。

商人在商言商，皆为利来。李嘉诚懂得体恤下属，让下属分享利益，从而使集团形成了更强的凝聚力。而在与合作伙伴的利益关系中，李嘉诚也很善于为他人谋利，做到仁至义尽。

在大规模的商业竞争中，李嘉诚深知互惠法则，既使对方有利可图，又能在合作中壮大自己。

当有人问李嘉诚，经商多年，最引以为荣的是什么事情，他说："我有很多合作伙伴，合作后仍有来往。比如投资地铁公司那块地皮，是因为知道地铁公司需要现金……你要首先想对方的利益。为什么要和你合作？你要说服他，跟自己合作都有钱赚。"

现代经济的发展已进入一个新阶段，在这个阶段中，企业间的竞争关系已较过去有所不同。虽然同行企业间是竞争关系，但为了取得市场竞争的胜利，或为了维护现有市场使企业生存下去，同行的企业有时也会搞互利互助的联盟，这样可以集中力量，有助于共同渡过难关。

没有好处可图，人们是不愿意涉足的，因此，在合作中抱着"与人分利则人我共兴"的态度，与他人积极合作，才有掌握竞争主动权的可能。利益一致，既是一种胸怀，也是一种策略。做事之前先给合作者一个利益的激励，人家才会干得有劲，而自己的利益也尽在其中了。

【办事心理学】

事业的发展必须建立在与人合作的基础上，要善于分享利益。没有共同的利益，又怎么会有齐心协力的合作呢？关键是在利益上要达到共享共荣，如果联合只是一种表面形式，就容易让对手从内部攻破，从而导致失败。

成功是大家的，失败要自己承担

想要处理好团队关系，"推功揽过"是极其重要的行事原则。出了问题，主动承担责任，别人就不会对你穷追猛打；有了功劳算在大家头上，就容易赢得众人的拥戴。

事情没做好，领导人主动说是决策的错误，跟大家无关，马上就有人站起来说这跟决策没关系，是执行的时候疏忽了。这样，问题自然就解决了。反之，领导人推脱责任，总是让别人检讨，而大家则怕挨骂、挨处罚，总是推脱，这样关系越来越糟，最后反而失了人心。

1986 年，爱尔兰一个小女孩因所骑的中华儿童车的车轮出现故障，在玩耍中不幸摔伤。是自行车质量问题，还是其自然老化所致？

面对这一事件，深圳中华自行车有限公司总经理施展熊没有推卸责任，也没有责备下属，而是首先从自身找原因。他亲赴爱尔兰，对受伤的小女孩进行慰问，待查明事故原因确系产品质量问题后，更是主动承担责任，给对方提供了满意的赔偿。

这一处理方式受到了当事人的赞扬，也极大地维护了公司的信誉。同时，施展熊的做法也得到了员工的普遍认可，凝聚了人心。

有些人的依赖心理特别重，总认为"反正天塌下来有上面的顶着，怪不到我头上"。对团队领导者来说，这并不是什么坏事，他们恰好可以利用这种心理来树立自己的权威。

既然下属怕担责，领导人不妨让他们依赖你，让下属觉得你就是他们真正的靠山。因此，当工作中出现失误的时候，一旦找到问题的症结，不妨主动把过错揽到自己头上，而不是推诿于下属。爱护下属，勇于揽过，不找替罪羊，这对调动部下积极性极为重要。

经常听到人们说：有些领导成绩永远是自己的，而责任永远是别人的。这样的领导怕承担责任，怕丢了头上的乌纱帽，反而失了人心。

美国军事家克里奇说："没有不好的组织，只有不好的领导。"好领导的作用是不言而喻的，他是好组织的塑造者。好领导的一个重要标准，就是勇于承担责任。

正如纽约前市长鲁道夫·朱利安尼所说："所谓的领导，就是在享受特权的同时，承担起更大的责任，在风险或危机来临时，有勇气站出来，单独扛起压力。"

无论你是否担任领导工作，在你的圈子里，在你的团队里，你都要坚持"推功揽过"的原则，这样会让你赢得人心，得到大家的帮助，让你的人际关系更为融洽。

如果你是一名普通员工，则要学会让上司分享光荣，至少把自己的成功部分地归功于上司。在多数企业中都有个不成文的规定，雇员的成功不仅在于他们的行动，而且在于他们上司的领导有方。如果违背这个规定，则可能会给自己带来不必要的麻烦。

【办事心理学】

及时承认自己的错误，会让你在团队里更有领导风范，会让大家看到一个有责任有担当的榜样。基于此，你很容易获得"振臂一呼，应者如云"的气势。

先散财，再聚人，后成事

中国的儒商讲究"以德为本，以义为先，以义致利"，这其中追求的正是一种"以和为贵，散财人聚"的境界。在人际交往的过程中，要遵循"贵和"的原则，即使散财，也要避免人际关系的冲突，实现和谐发展的目标。

很多企业老板一开始不懂利用手中的物质条件，去换取广大员工的拥护，总是抱财守缺，结果往往适得其反。很多人与人合伙作生意，结果不欢而散。那是因为其中个别的人收敛了财，损害了大家共同的利益，人散了，大家的财路也就断了……

有些老板给雇员股份，企业自然做得长，做得久，做得好……自己吃米饭，总要让下属有粥喝！如果下属连粥都喝不上，就只能和你说"Bye—Bye"。所以，要当好大老板，必须懂得"散财"。

苏宁老总张近东不仅分配股权给南京总部数名高管，还以此来稳定苏宁各地分公司的管理团队。根据苏宁各地分公司高管的表现，张近东给予了他们一定比例的分公司股份作为奖励。

这种慷慨的行为让这些高管对苏宁由衷地产生了归属感和主人翁精神，使得苏宁众多"职业经理人"转变成了"事业经理人"，因而苏宁从未像同行那样出现高层频繁流动的现象。

"财散则人聚，财聚则人散"，许多企业家不是不明白这个道理，而是不愿意践行。自己兜里的财富，谁都不愿意往外掏，或者说能少掏一点儿是一点儿。而总有一些企业家因为意识到分享的重要意义，愿意把它作为一项重大的责任忠实履行，因此他们的事业一步步走向了辉煌。

让每个人都在物质上有保证，把人际关系理得顺顺当当，从而让自己的生意兴旺起来，这是"千金散去还复来"的智慧和勇气。可以说，善于"散财"，而不是"聚财"，不但会成就你的事业，而且会成就你的个人声望。

财散人聚，财聚人散；小胜凭智，大胜靠德。贫贱之交最贴心，在没有钱的时候，我们拥有的是朋友、家人的温暖，等到了有钱了往往会产生嫌隙，慢慢地感受到人心隔肚皮，开始猜忌，开始远离；聪明的人可以凭一时的智慧取得胜利，但是真正有大智慧、大成就的往往是那些人品出众，让大家爱戴的人。

先散财，再聚人，后成事。无论对于个人还是企业来说，抱着现有的财富不放，到头来只能是无人理会的"守财奴"，只有懂得合理地散财，才能更好地利用"人和"。

【办事心理学】

钱财是需要流动的，该散的钱一定得散，这样才能聚得了人。散财不是"败家"，而是为了聚人，从而达到聚财的目的。

Chapter 12 这些事，要难得糊涂

处事太较真会"聪明反被聪明误"

聪明的人睿智，但要提防"智者千虑，必有一失"的遗憾；糊涂的人愚钝，但又有"愚者千虑，必有一得"的幸运。做事不能一味较真，太执着会把局面搞砸，往往让自己身陷泥潭，甚至伤筋动骨，这其实是"聪明反被聪明误"。

完全没必要担心别人怎么看你

每个人都希望得到认可，希望在别人眼里举足轻重，有一定的分量和地位。为此，我们奋发图强、努力拼搏，一心想搞出点名堂，并时时刻刻维护、完善自己的形象。

也许是因为太在意别人的看法，以致对别人无意的冷落或忽视你都会耿耿于怀，别人一个不经意的眼神或一句随随便便的玩笑也会令你大伤脑筋，甚至拿自己和他人比较来比较去，最终陷在狭隘的自我里顾影自怜……

很多时候，我们对自己的认识更多地来自于他人的评价和反馈。而这种过度担心别人看法的心理，很容易增加你的思想负担。

张勇应聘到一家外企人力资源部做助理。上班第二天他就遇到了一个尴尬的问题。急忙冲进电梯的他，发现后面站着昨天刚见过的副总。他犹豫是否要回过头打招呼，但是又怕说错话，最终没有主动打招呼。

当天，当他去给副总的秘书送报告时，副总碰巧从办公室里出来，也像没看见他一样径直走了过去。张勇开始后悔在电梯里的行为，心想副总一定对自己有意见。

没过多久，上司带着张勇一起陪副总和客户吃饭。张勇很想借这个机会与副总搞好关系。但在整个过程中，他内心挣扎了无数次，还是什么也没做。

在去酒店的途中，上司开始和副总说公司的事情。张勇心想，公司的事情，自己身为新人不好插嘴，就始终保持沉默。中间副总咳嗽了一阵，他很想趁机问问："副总你生病了吗？"但是这个念头刚一出，头脑中就立刻蹦出"谄媚"这个词。倒是上司开口了："最近身体不好？"副总叹了口气说："老毛病，一到秋天就犯。"

下了车，张勇发现副总手上提着一个大电脑包，臂弯上还有一件风衣，心想："我是不是应该帮他拿包和风衣呢？"可转念又一想，"如果我那样做了，不就成了跟班？"就在他犹豫的时候，副总已经走进了酒店。

吃饭的时候，张勇更是不知所措。他觉得自己地位低，在这种场合应该保持沉默。与对方公司交流、谈业务这种事情，他似乎也不知道从何说起。后来，主管要他表现一下，去给对方的副总敬杯酒。他立刻说自己不会喝酒，敬果汁可以吗？轻松的气氛一下子消失了……人最大的弱点，就是太看重别人的看法和反应，顾虑重重，最终将挺简单的事情搞砸。不难看出，张勇的犹豫不决，就是太在乎他人的看法。

一个人如果想主宰自己的人生，就必须坚定信念，完全没必要担心别人怎么看你。到底该如何坚定自己的信念，不被别人的看法左右呢？

第一，要为自己确立目标。

确立目标既是走向成功的需要，也是激发潜力、最大限度地创造价值的需要。有了目标，你就会想方设法为达到目标而努力，就不会为目标以外的事情烦恼。

第二，发挥自己的优势。

人是在战胜自卑、建立自信的过程中成长的。天之生人，各有所长，各有所短。我们在做事的时候，一定要注意发挥自己的优势，避免自己的劣势。

第三，学会自我激励。

在树立信念的过程中，一定要学会自我激励。要有勇气面对别人的讥讽和嘲笑。德国人力资源开发专家斯普林格在其著作《激励的神话》中写道："强烈的自我激励是成功的先决条件。"所以，学会自我激励，就具有了主宰自我的意志与能力。

【办事心理学】

你永远无法满足所有人对你的期望，因此专心做好分内之事最重要。许多时候，完全没必要担心别人怎么看你，将事情做到位自然会赢得尊敬和赞赏。

用心修炼"愚"的本事

越是聪明的人越知道处世难，聪明人容易招致妒忌、非议，甚至因聪明而丧生。从老子时代开始，人们就知道了"大智若愚"的道理，越是聪明，表现出的越是愚笨，以便在别人的轻视和疏忽中经营自己的天地。

做事的时候，牵扯到人的因素，问题就复杂起来，需要讲求策略才能把事情处理圆满。当一些事不能明言的时候，我们要善于把握糊涂处事的要义。

宋太宗就是一个气度恢弘，大智若愚的人。有一次，殿前虞侯孔守正和大臣王荣陪宋太宗喝酒。两个人喝得大醉，就当着宋太宗的面争论秋季守卫边境的功劳，完全忘记了君臣的礼仪。在当时，这种行为是"大不敬罪"，按照法律应该交有关部门治罪，但是宋太宗并没有这么做。

第二天，孔守正和王荣清醒过来，听别人说起自己昨天在宋太宗面前的失礼行为，都吓得出了一身冷汗。于是两个人一起到金殿上向宋太宗请罪，但是宋太宗若无其事地说："我当时也喝多了，有许多事情根本记不起来了，你们不用在这里打扰我了。"

宋太宗故意装糊涂，免除了两人的过失，不但使他们心怀感激，更显示了自己的大度。

糊涂处事不是撒谎耍赖，而是顺应事物发展规律，作出切合实际的判断，实际上是一种大智慧和大聪明。

【办事心理学】

大智若愚可以掩盖自己的聪明，更可以掩护自己的失误。一个人已经愚笨了，对他还能有什么要求？特别是处于某种轻重不得的尴尬局面时，装愚也许是最好的选择。

高明的人都会装傻充愣

说起韬晦，人们自然会想起越王勾践"卧薪尝胆"，或者曹操与刘备"煮酒论英雄"的故事。所谓"韬晦"，通俗了说就是"装傻"。这种"装傻"的背后是对自我的严格控制。

在动物世界里，老鹰站立的时候好像在睡觉，老虎行走的样子好像生病了，这是它们为了捕获猎物采取的战术。做人做事，也要善于藏巧于拙，这样才能走得更远。

"用晦而明"一直被奉为处世的良谋，唐代的李勣就深谙此道。李勣原来是李密的部下，被王世充打败以后，跟随故主投靠了李渊父子。中途归顺的人，赢得新主人的绝对信任非常重要。为此，李勣处处展示自己的"忠诚"品格。

投降李渊的时候，李勣把所据郡县地理人口图派人送到关中，当着李渊的面献给李密，然后由主人（李密）献出去，突显自己"尽忠故主"的品格。后来，李密反唐，事情败露后被杀。

李勣这时候本该"避嫌"，但他却公然上书，请求收葬李密。这一"拙行"恰恰彰显了李勣的"高风亮节"，一时间，他被称为"朝野义之"。此后，李勣得到朝廷推重，恩及三世。

明代大作家吕坤在《呻吟语》中说："愚者之人，聪明者不疑之。聪明而愚，其大智也。夫《诗》云'靡者不愚'，则知不愚非哲也。"用现在的话讲就是：愚蠢的人，别人会讥笑他；聪明的人，别人会怀疑他。只有聪明而看起来又愚笨的人，才是真正的大智者。《诗经》上也说"没有哲人犯傻的"，可见不犯傻的人并非真正的聪明人。

装得最傻的人，一定是个厚黑高手，是个胸中有大沟壑的人。与这种人打交道时，你不妨多个心眼儿；反之，你自己若是这样一个人，那几乎攻无不克。

善于做生意的商人，总是隐藏宝货，不让人们轻易看到；品德高尚的君子，看起来往往很愚笨。一个人善于用"笨拙"的方式表现真诚的态度，其实是一种大智慧。

纵观世上那些有大智慧的人，往往不在众人面前，尤其不在同行、同事或同伴面前显露才华，外表看上去很愚笨，其实，这既是一种至高的人生境界，又是人生之大谋略。

人活于世，显得太傻气不行，显得太聪明也不行。所谓"不智不愚"，其实就是假借糊涂之象，行聪明之道。

【办事心理学】

装糊涂是一种真聪明，高明的人都会装傻充愣。没有人不说清朝大画家郑板桥是一位大智者，他有一方闲章："难得糊涂"，此章一经刻出，便立刻成为大家奉为圭臬的处世哲学。

装糊涂，解除对方戒心的妙法

糊涂，也就是我们常说的傻，但是这里的糊涂跟智商低下没有关系。糊涂是处世之道，是交际之道。一个人无法做到事事、时时保持警惕，绝不让别人多占自己一点儿小便宜。即使做到了，恐怕早已众叛亲离。

商朝末年，商纣王由于每天沉迷于酒色而忘记了日子。他问左右的亲信，也无人知道，于是他派人去问箕子。箕子是聪明智慧的大臣，当然知道是什么日子。

但是出人意料的是，箕子却对身边的亲信说："身为一国的君主，能够让所有人都忘记日子，如果全国上下唯独我知道，那我离危险也就不远了。"于是他就对纣王派来的人说，自己也不记得几月几日了，因为昨天晚上喝了很多酒。由于懂得糊涂处事，即使在商朝灭亡的时候，箕子仍旧活的安然。

同样，有一次齐国的大臣斯弥去见田成子，他们相约一起爬山登高望远。从山顶往下望的时候，细心的斯弥听到田成子说，四周都很空旷，唯独斯弥家房子周围的树木很突兀。

回家后，斯弥就让手下的人把房子周围的树木都砍掉。就在树砍倒一半的时候，斯弥突然下令剩下的树不砍了，并对身边的人讲了这样的理由：田成子看到房子周围的树木很突兀，说明他有谋朝篡位的野心，而自己如果把树木都砍掉，说明看穿了他的野心，那自己离危险就不远了。

不久，田成子真的谋朝篡位了，很多提前看出他野心的人都被杀了，斯弥却因为懂得装糊涂，躲过了一场劫难。

装傻充愣是解除对方戒心的好方法，也是以退为进的妙计。三国时期，魏明帝死时，太子年幼，就由大将军司马懿和曹爽共同辅佐太子执政。曹爽是皇室宗亲，野心勃勃，总想谋朝篡位，于是就视司马懿为自己的最大绊脚石。

而司马懿是三朝将军，怎么可能平心静气地辅佐太子，甘心一直当大将军？他梦想着有朝一日能够把江山收入自己囊中。但由于被曹爽像防贼一样防着，他决定装糊涂，解除对方的戒心。

司马懿经常称病不上早朝，还不惜在探病者面前自毁形象，歪着嘴巴、流着涎水，就像中风一样。这下曹爽可放心了，司马懿年龄大了，身体又不好，应该不会有什么野心了。

就在那个春天，按照往常的惯例，皇帝宗亲要去祭扫高平陵。和往常一样，司马懿仍旧称病不去，而曹爽作为皇帝的叔叔，当然不会缺席。就在他们出城的时候，司马懿带着司马昭等人占领了皇城，并逼迫皇太后写下贬曹爽为平民的圣旨，秘密追杀了曹爽以及和曹爽的亲信。

曹爽做梦也没有想到，自己竟然会被一个病秧子杀掉。曹爽缺少谋略、轻信对手——司马懿用装糊涂解除了曹爽的戒心。

装糊涂，在别人眼里，你也并不是真的糊涂，他们更愿意认为，你是平易近人、性格开朗、好说话的人。倘若你平时不苟言笑，让别人不愿意亲近，而能在恰当的时候装糊涂，就能展示出亲和力，解除对方的戒心。

【办事心理学】

生活中，很多事都需要糊涂一些。糊涂不是真傻，而是适时遮掩自己的锋芒，解除竞争对手的警惕之心。

包容带给你无穷的力量

苏格兰著名历史学家卡莱尔说："一个伟大的人，以他待小人物的方式，来表达他的伟大。"宽容是一种修养，是一种人人都需要的气度。生活中，总会有一些意想不到的情况发生，宽容就是面对各种磨难时应有的潇洒。

宽容是一种境界，一种风格。它是春风，所到之处鲜花盛开；它是阳光，带给人间温暖。谁能拒绝阳光呢？如果没有包容的胸襟，不但会伤害他人，也会给自己带来伤害。

青年时代，林肯曾在印第安纳州的鸽溪谷定居。当时他年轻气盛，总是喜欢当面指责别人，甚至经常写诗嘲讽对手。不久，他与人发生冲突，并准备决斗。最后，在朋友劝说下才收手。

经历这件事后，原本口无遮拦的林肯清醒了许多。他没想到自己的嘲讽竟然招致这么严重的后果，而这件事也给了他一个极其宝贵的教训。他决定永远不再写凌辱人的文章，也永远不再讥笑他人。也是从这时起，林肯几乎不再为任何事而批评他人。

能够宽容别人的人，可以和任何人融洽相处，从而结交更多朋友。在这个复杂的社会中，宽以待人能有效减少不必要的摩擦和误解，消除隔阂与分歧。

每个人的修养与利益诉求不一样，所以交往中难免发生矛盾和误会，包容他人的缺点，而非斤斤计较，自然能成为有魅力的人，也能给你带来更多的收益。更重要的是，如果你想从友谊中获得快乐，更需要有一颗包容的心，宽容他人的缺点与不足。

【办事心理学】

学会包容和宽恕，你就会得到一种无穷的力量。计较的人生没有快乐，也不会有安宁的生活。包容一切，内心才会变得波澜不惊。

Chapter 13 这些事，要以德报怨

快乐就是用不完美的心去做完美的事

怀着一颗感恩的心去做事，就不会抱怨不公正的遭遇，即使受了委屈也能积极面对，永远保持快乐的心境。世上很少有完美的人和事，聪明人以德报怨，能够快乐自我、照亮他人。

学会接受生活中的不完美

这个世界从来都充满遗憾，很多时候，完美的事物大多是人们主观想象出来的。德国著名诗人歌德曾说："十全十美是上天的尺度，而要达到十全十美的这种愿望，则是人类的尺度。"

从一定程度上来说，追求完美是有上进心的表现，但过犹不及，如果因此而患上完美主义强迫症就不明智了。一般说来，完美主义者的个性都十分好强，如果长期无法达到完美的期望，很可能会造成精神上的巨大压力，从而引发各种心理疾病。他们渴望自己的生活是完美无缺的，所以无法接受生活中的小瑕疵，哪怕是一点儿小小的不如意。

完美主义者最常见的表现是：烦躁、极端、死板，他们在不知不觉中被坏情绪绑架，整天都因鸡毛蒜皮的小事而烦恼，哪怕是衣服上的纽扣丢了一颗也会令他们感到烦躁，很久前犯的小错也无法忘记，总觉着这是不可原谅的过失……实际上，这些忧虑毫无意义。

其实，磕磕绊绊、起起伏伏才是生活，只有学会接受自身的缺点，淡然看待生活中的各种不完美，才能摆脱坏情绪，从而拥有积极的生活态度。

"如果已经活过的那段人生，只是个草稿，还有一次誊写的机会，该有多好！"无数人奢望能有一次重新来过的机会。

有一个年轻人名叫伊凡，他请求上帝让自己体验一下有机会"誊写"的人生。看到伊凡执著的样子，上帝决定让他在寻找伴侣这件事上体验一下。

伊凡遇到了一位漂亮的姑娘，对方也倾心于他，于是，伊凡高兴地与这个姑娘结成了夫妻。然而，婚后的日子并不如想象的那般美好，伊凡发现姑娘虽然很漂亮，但是不会说话，做事也笨手笨脚，两个人始终无法好好沟通。因此，伊凡便利用上帝给的权利把这段婚姻作为草稿抹掉了。

伊凡的第二个妻子不仅漂亮，还聪明能干，满足了伊凡对完美婚姻的想象。可是没多久，伊凡发现这个女人脾气很坏，个性极强，原有的聪明成了讽刺伊凡的本钱，能干成了捉弄伊凡的手段。两个人在一起，伊凡不是丈夫，倒像是她的牛马、器具。最后，伊凡无法忍受这种折磨，祈求上帝再给他一次机会，上帝微笑着答应了。

伊凡的第三个妻子不但具备了前两任妻子的优点，还有好脾气。婚后，两人非常恩爱，日子过得很幸福。可是半年后，妻子突然患上重病，卧床不起，原有的美貌很快不见了，一副憔悴的样子。

维纳斯虽然断臂了，但是却成了举世闻名的艺术作品。有艺术家尝试着复原她的双臂，但是从来没有成功过。真正完美的事物是不存在的，过于苛求就是和现实过不去，给自己找麻烦。

每个人都有完美的幻想，所不同的是，有的人人认识到完美是根本不存在的，而有的人人则成为完美幻想的奴隶，并被其绑架。实际上，我们会成为怎样的人，完全取决于自己的内心，如果执意在不完美的现实中追求完美，那无异于缘木求鱼，自寻烦恼。

不完美正是生活的精彩之处，因为不尽如人意所以才会孜孜以求，力图做到更好；因为不完美，所以才有了完整与残缺的对比，从而更加珍惜生活中的美好。世界上没有绝对的好与坏，过度的苛求只能带来消极的情绪，正确面对完美才是明智的生活态度。

【办事心理学】

学会换一个角度，换一种心情来看待不完美，生活会更加有趣。不要因为自己的缺点而自卑，也不用去美慕别人，其实每个人都有不为人知的缺点与遗憾。

小心，抱怨会吸引不幸

大多数人产生抱怨情绪，最开始只是因为担心某件事情发生，他们认为用抱怨提醒或者警告对方，令人担忧的事情就不会发生了。但实际情况恰恰与之相反，抱怨非但不能消除忧虑，反而会使担心的事变成现实。

抱怨，其实就是在向别人诉说你内心的危机感。伴随着这种倾诉，危机感非但消失，反而不断加强了。起初，你并不相信事情会发生，只是防患于未然，但是随着抱怨次数的增加，你开始相信事情可能会发生，甚至觉得事情马上就要发生。

作为一种负面情绪，抱怨会吸引不幸，你有什么理由不快速远离它呢？

当苏菲随身带着精心准备的作品，到一家知名广告公司应聘。前面有许多面试人员等候，苏菲向工作人员要了一杯热水，缓解一下紧张的心情。

工作人员把水递过来，不小心打翻了杯子，滚烫的水全部撒到了那张作品上。所幸苏菲并没有被烫着，但那张作品就没这么幸运了，立刻变得皱巴巴的，上面的文字和线条都模糊不清了。

顿时，苏菲火冒三丈，立刻埋怨工作人员太不小心了，这会影响后面的面试啊！原本紧张的心情更糟了，苏菲开始坐立不安，抱怨自己运气不好。她开始想象面试人员看到自己的作品，会是什么表情，该如何解释。这么想着，她心里越来越没底。

轮到苏菲了面试，她深吸一口气，走进房间，因为紧张显得有些慌乱。果然，看到苏菲的作品时，面试人员一脸惊诧。接着，她开始辩解，情急之下抱怨自己多么不走运。

没有一家公司喜欢抱怨的员工，面试人员心里很快有了答案。结果，苏菲没能通过初试，直接被淘汰了。

其实，苏菲完全可以平和地解释，而不必抱怨。因为太在乎别人对自己的看法，所以极力解释，最后反而陷入被动局面。为了消除面试人员的误解，苏菲错误地选择了抱怨的方式，结果这种不良情绪暴露了个人缺陷，导致初试失败。

抱怨遇人不淑，抱怨社会不公，内心充满了怨恨，就是不去努力改变窘境，不去弥合分歧，于是你离快乐越来越远，离不幸越来越近。最终，抱怨把担心的事情变成了现实，苦果只能自己去尝。

习惯抱怨的人，无法赢得幸运之神的垂青。那么，如何避免陷入抱怨的情绪中呢？心理学家发现，想要养成或改变一个习惯，需要 21 天的坚持和努力。尝试 21 天不抱怨，就能逐步学会积极面对一切。

学会换位思考。抱怨是一种传染性极强的情绪，不仅会让自己陷入痛苦，甚至会让亲近你的人心情也跟着变差。因此，遇到令人厌烦的事时，要及时换位思考，努力给大脑积极的暗示，主动调节不良情绪。

学会转移不良情绪。在无法通过换位思考消除负面情绪的时候，要尝试用别的方法转移，比如听音乐或者跑步，让大脑放松下来。

学会感恩。一个人习惯抱怨之后，短时间内很难改变。不妨每天晚上睡前回想一件当天值得感恩的事情，最好是一些具体的小事，几天之后你会发现世界并不是那么讨厌。

【办事心理学】

抱怨，就是在吸引不幸。面对眼前美好的人和事，要懂得欣赏，并感谢自己拥有的一切。善待人生，不抱怨，自然容易成为一个幸运儿。

与人交往多一分理解与宽容

英国思想家欧文曾说："宽容精神是一切事物中最伟大的。"人与人相处，如果没有理解、宽容，总是处于猜忌和苛责中，终究会害人害己。从现在开始，用宽广的胸怀理解和宽容每一件事，你会发现，你的生活会更加幸福。

患有高血压的人，往往是情绪易失控的人。对此，医生会提出忠告：一定要控制好自己的情绪，不要生气。为什么？因为生气会导致情绪失控，进而使血压升高。人生气时心跳加速，失去理智，会作出错误的判断，给生活和工作带来各种麻烦。

在人际交往中宽以待人，以善心善念对待他人，自然容易保持良好的心境，与他人建立紧密的合作关系。

一天，一位基督教徒在路上被一个迎面而来的大汉撞倒，眼镜被撞飞，摔得粉碎，身上也多处擦伤。

基督教徒摇摇晃晃地站起来，而那位大汉不仅毫无愧疚之情，还大喊："走路不长眼睛啊！"基督教徒欲言又止，想到自己是基督教徒，就理应学会宽容，以宽恕之心对待他人，帮助别人摆脱苦难。

大汉看到基督教徒以微笑来回报自己的无理霸道，惊讶地问："错明明在我，为什么你不生气呢？"基督教徒说："我为什么要生气呢？生气能解决问题吗？就算我对你破口大骂，我的眼镜也还是摔碎了，身上的伤也不会立刻消失，反而违背了我内心的信仰和虔诚，这又有什么必要呢？"

基督教徒看了看大汉，接着说："我信仰基督，基督教的旨意就是带人脱离苦海，你我今天的相遇应该是在告诫我——脱离痛苦需要对万物保持一颗仁爱的心，宽容对待一切，让心灵纯净。所以我不生气，反而感谢你。"

这就是宽容的力量，因为心生宽容，挽救了自己也放过了他人。宽以待人的魅力，就在于可以达到"一笑泯恩仇"的效果，可以用自己的宽容善待万物，巧妙地化解人际交往中的摩擦与不快。

要尝试着体会海阔天空带来的怡然自得，而不是困扰在愤恨与气恼的枷锁中。也许做到真正的宽容与理解没有那么容易，但只要你能凡事多站在别人的立场上考虑，时间长了，自然会更宽容待人。

多一分理解与宽容，少一分暴躁与气恼，人生将会更加幸福与美好。与人为善，宽以待人，你才能在大千世界中自在洒脱，赢得更多伙伴与理解。

【办事心理学】

紫罗兰把香气留在踩扁它的脚上，这就是宽容。宽容就是潇洒和豁达，在人际交往中以宽容待人，更容易发展友谊。

"以德报怨"赢得人心

《马太福音》有这样一种观点："当有人打你的右脸时，你应该把左脸也转过来让他打。"道理很简单，以德报怨才能化敌为友、赢得人心——这是迎战那些终日想让你难堪的人所能采用的最好办法。

站在他人的立场上看问题，善待和包容别人的观点和行为，这是最明智的做法。在与他人交往时，以德报怨是指与人为善，用豁达的胸怀，看淡别人对自己的抱怨，以一种善德对待别人，甚至是对待仇恨，做到"相逢一笑泯恩仇"。

在林肯竞选总统时，他的对手斯坦顿十分憎恨他。斯坦顿不但在公众面前侮辱林肯，还故意给林肯制造尴尬场面。在一次辩论时，斯坦顿竟然说林肯是私生子，弄得林肯下不了台。

林肯当选后，在谈到参谋长联席会议主席一职的合适人选时，有人建议林肯用自己人，可林肯却从国家利益出发，力排众议，选择了斯坦顿。

消息一传出，大众一片哗然，人们议论纷纷。有人跟林肯讲："你选错人了吧？他从前如何诽谤你，难道你都忘了吗？斯坦顿若当上了参谋总长，他肯定会跟你对着干，拉你的后腿，你要三思啊！"

但林肯却不为所动，坚定地解释道："我了解斯坦顿的才干和为人，我也知道他从前对我不满，但从国家利益考虑，我认为他是最适合这个职位的人……"

在林肯的坚持下，斯坦顿最终当上了参谋总长。为了报答林肯的知遇之恩，斯坦顿尽心尽力地工作，配合总统处理军务，为赢得南北战争的胜利做出了重大贡献。

几年后，林肯不幸遇刺身亡，人们都沉浸在悲痛之中，并以不同的方式表达着对林肯的怀念。这时，斯坦顿在谈及林肯时说："林肯是最值得敬佩、最令人爱戴的一位伟大总统，他的名字将万世流芳。"

以德报怨，化怨为缘，在这一点上，林肯总统做得非常出色，为后人留下光辉的榜样。

"以德报怨"并非一味的忍让和退缩，把握适当的分寸很重要。具体来说，要做到有礼有节，在社会交往中从容不迫地处理各种问题。事实上，人们都有羞耻之心，当我们"以德报怨"的时候，对方通常会为自己的"失礼"感到汗颜。

【办事心理学】

以德报怨能融化世上最冷酷的心，它是上帝赐给世人最珍贵的礼物，使人不再怨恨，从而享受心灵的自由。

请原谅那些善于嫉妒的人

嫉妒是由于别人胜过自己而产生的忌恨心理。亚里士多德曾说："嫉妒者之所以痛苦，是因为折磨他的不仅仅是自己的失败和挫折，还有别人的成功。"

不可否认，嫉妒是人的一种天性，你之所以被嫉妒是因为你比别人更加优秀。从另一个方面考虑，这也是别人对你的一种肯定。所以，我们应该以一种包容的心态原谅那些善妒的人，让他们的嫉妒成为你成功的催化剂。

赵国大将廉颇在战场上立下汗马功劳，军功赫赫。食客蔺相如毛遂自荐出使秦国，为赵王拿回了和氏璧，得到重用，被封为"上卿"，职位高于廉颇。廉颇对此非常嫉恨，对别人说："我廉颇战无不胜，攻无不克，为赵国立下汗马功劳，而蔺相如却凭借小小的功劳爬到我的头上去了。下次如果碰见他，我一定给他点儿颜色瞧瞧。"

这些话传到了蔺相如的耳里，他便请病假不上朝，免得跟廉颇遇上。有一次蔺相如出行，远远地看见廉颇骑着高头大马而来，他赶紧叫车夫调转车头往回走，车夫气不过地问："先生怎就如此害怕那个廉颇呢？"

蔺相如回答："你觉得廉将军和秦王比起来谁更可怕？"车夫答道："当然是秦王。"蔺相如说："我连秦王都不怕，难道害怕廉将军不成？我只是怕我们两个闹不合会削弱赵国的力量，让秦国有机可乘。"

后来，这些话传到了廉颇的耳里，他羞愧难当。于是，廉颇到蔺相如门前负荆请罪，两人化干戈为玉帛，他们的故事也传为一段佳话。

这个故事告诉我们，以一颗宽容的心去对待那些嫉妒你的人，会收到意想不到的效果。人生是一条很长的路，沿途会有不同的风景，有美丽的也有杂乱的，但只要我们有一颗宽容的心，处处都是美景。

谅解永远比嫉恨更轻松，就好似你给我一个微笑我一定会还你一个微笑，你要是给我一拳我一定会还你一拳一样，这两种情况带给人的感觉是完全不同的。

拥有一颗宽容的心。嫉妒是人的天性之一，这是一个无法改变的事实。我们所能做的就是以宽容的心去接纳对方，这样才不会伤害彼此。

站在对方的角度看待问题。从对方的角度思考嫉妒产生的原因，体会他们的感受，或许更能理解他们的心情，更能谅解对方。就是因为每个人看问题的角度不一样，所以彼此间才容易产生隔阂，站在对方的角度思考问题，更容易找到融洽的相处之道。

试着去接近对方。人与人之间只有互相了解才会发现彼此的优缺点，试着去接近对方，并建立深厚的友谊，让彼此之间的友谊溶解掉那些因为嫉妒而产生的毒瘤。

【办事心理学】

请原谅那些善于嫉妒的人，以包容的态度去对待那些曾经嫉妒过你的人，给彼此一个台阶，或许以后你们会成为好朋友。

聪明人放大格局

建立强大的心理优势和行为模式，取得办事主导权一个眼界高、胸襟宽广的人，善于以长远、发展的眼光看问题，以帮助、合作、奉献的态度交朋友，无论何时都深思熟虑、低调隐忍、注重大局，这就是聪明的表现。对一个人来说，格局越大，成就也就越大。

Chapter 14 这些事，要三思而行

与其事后收拾残局，不如事前理性克制

多一分谨慎，就多一分胜算。有大格局的人胸怀天下，总揽全局，遇事思虑再三，绝不莽撞行事。

先思考再行动，提升自控力

闹钟响了，人们却习惯性地多睡 10 分钟，结果早餐没来得及好好吃，就匆匆忙忙去上班；原本打算减肥，看到美食后，却毫无顾忌地美餐一顿……你知道自己生活在"无意识"的状态中吗？

很多人都是按照"习惯"、"惯性"行动，根本没有明确的意识，没有仔细思考，也没有自控力，而是随波逐流，随性而为。高效能人士的可贵之处就是善于"逆势而为"，他们不愿意随波逐流，而是力图凭借自身的自控力去改变处境，创造未来，这也正是他们成功的秘诀。

李文与周杰同时进入一家公司，职位都是文案策划，学历、工作能力等也没有什么明显差异。两年后，李文升职为策划部主管，而周杰还是普通的方案策划。为什么两个人会产生如此大的差距呢？

李文善于思考，不愿意"没有想法"地一直工作下去。他在进入公司不久，就开始谋划怎样升职的事情。有了目标，他积极向上级献计献策，主动承担大家相互推诿的艰难工作，很快得到了上司的重视。

与之相反，周杰是一个安于现状、不喜欢多想的人。他每天按部就班地工作，除了自己分内的事情从不多操一点儿心。

后来，公司管理层大调整，策划部的主管调任其他部门，管理职位出现了空缺，李文顺理成章地升职为主管，而周杰还在原地踏步。

其实，像周杰一样不愿多想、无危机感、随波逐流、浑浑噩噩的人不在少数。他们习惯了固定的工作模式，并早已经在日复一日的劳动中丧失了控制自己思维的能力，因此做事缺乏主动性，没有计划性和目的性，自然也就没有效率可言。

只思考不行动的是纸上谈兵的空想家，只行动不思考的则是横冲直撞的"愣头青"。先行动后思考的往往会成为"事后诸葛亮"，先思考再行动的人，则能很好地顾全大局，做出恰当的行动，甚至创造出不可能的奇迹。

思维也是有"惰性"的，如果懒于思考，就会在不知不觉中丧失思考的能力。要想提升对自身思维的控制力，需要做到以下两点：

第一，要有意识地用新鲜事物刺激大脑。

长时间重复枯燥的工作，会让大脑陷入麻木无序的状态，这时候我们只是出于惯性在工作，根本没有"自控力"可言。要让大脑保持在"可控"的状态，必须要保持清醒，有意识地接触新事物，用新鲜事物唤醒大脑的"清醒细胞"，从而实现高效思考。

第二，行动之前再想一想。

不少人在强烈情绪的刺激下，往往会做出"冲动"的行为，事后又悔恨万分。比如，明明已经想好不买东西，可一看到自己喜欢的包，连价都没砍，就痛快地买下来了，买完又恨不得剁手，实际上这就是缺少必要的思考造成的。不管做什么事，都不要被情绪掌控，行动之前先理智、冷静地想一想再做决定。

【办事心理学】

对待思维，要像打理花园一样，随时检查哪些决定是思考后做出的，哪些决定是不经思考做出的，并尽快改变"不思考就行动"的旧模式，并种上行动前思考的种子。如此一来，自控力自然会慢慢提升。

避免非理性决策带来厄运

伟大的领导者遇到任何麻烦，都能沉得住气，不会因为暂时的失败就颓废不堪，更不会因为一丁点小成绩就骄傲自大。无论面对什么情况，都保持冷静，不要乱了心神，丧失作出理性判断的智慧。

过于情绪化不是好事，长时间悲伤容易抑郁，总是怒火中烧则伤肝，过度欢喜则很可能乐极生悲……所以，适当控制自己的情绪，保持良好心态，才可能做到理性处事。

人的情绪并不是一成不变的，它会随着环境、心情、遭遇等因素发生变化，并伴随我们终身。幻觉、灵感以及直觉都属于情绪的一部分。不可否认，在某些时候直觉往往是正确的，但这并不代表在任何时候都是可以信赖的。领导者在决策的时候千万不要被非理性的因素所迷惑，作出错误判断。

南北战争期间，美国陆军部长斯坦顿来到林肯的办公室，气呼呼地说："一位少将竟然用侮辱的话指责我，偏袒某些人！"

林肯听了非常同情斯坦顿，还建议他立即写一封内容刻薄的信，回敬那位可恶的家伙，林肯甚至强调："可以狠狠地骂他一顿。"

斯坦顿非常兴奋，立刻写了一封措辞激烈的信，并拿给总统看。林肯看了之后说："措辞还可以更犀利一些，要把你的怒火完全发泄出来。"于是，斯坦顿开始写第二封信。

"对，就是这么说。"林肯看了第二封信，连连叫好，"要的就是这个效果！好好训他一顿，就没人敢惹你了。"

斯坦顿觉得非常满意，准备把这封信寄出去，但是，林肯却拦住了他，问道："你要干吗？"

"马上把信寄出去呀！"斯坦顿有些摸不着头脑。

"不要胡闹！"林肯大声说，"这封信不能寄出去，快把它扔到炉子里烧掉。凡是生气时写的信，我都是这么处理的。这封信写得很好，显然你已经消除了怒气，那就立刻把信销毁吧！重新写一封措辞诚恳的信，维护好你们的关系。"

正如林肯所说，如果那封信寄出去，后果将不堪设想。陆军部长和少将之间的矛盾如果无法调和，整个军队都会受到影响。林肯及时制止斯坦顿的鲁莽行为，避免了更大的麻烦。

因为没有控制住情绪而做出错误的决策，最后造成重大损失，这种情况屡见不鲜。工作和生活从来都不是一帆风顺的，我们会悲、会喜、会怒……但是一个理智的领导者不会让这些不良情绪影响到自己的决策和判断。

被坏情绪困扰时，多提醒自己保持理智，这样一来就能避免因非理性因素做出错误决策。不要在高兴的时候做决定，不要在愤怒的时候做决定，不要走捷径，不要对糖衣炮弹感兴趣。如果能做到这几点，你就可以称得上是比较理智的人了。

一个领导者如果连自己的情绪都管理不好，自然无法理性做事，也不会得到好运的眷顾。对领导者来说，理性做事是最基本的要求，深思熟虑后再做反应，方能避免出错。凡事由着自己的性子来，最后通常会造成不可收拾的局面。

【办事心理学】

在求取成功的道路上，要时刻保持冷静和理智，尽量作出理性的分析和判断，从而避免因感情用事带来的毁灭性恶果。

自我纠正让你变得更强大

一个想成就大事业的人，不能随心所欲、为所欲为、感情用事，而应用理智对待一切，勇于纠正自己的错误。

即使是厉害的狮子，也不会攻击象群或在鳄鱼池里游泳。每个人身上都或多或少有缺陷，但是如果懂得规避这些不足，甚至能弥补自己的短板，就会变得更加自信，从而保持良好的情绪状态。

在许多场合，灵活变通可以帮你摆脱尴尬，展示极富个人魅力的一面。这种强大的控场能力不但是高情商的表现，也是一种高超的社交能力。

第二次世界大战期间，英国首相丘吉尔来到美国首都华盛顿，会见当时的总统罗斯福。会谈中，他提出两国合力抗击德国法西斯，并要求美国给予英国一定的物质援助。这一提议得到了美国的积极回应，丘吉尔受到了热情接待，被安排住进了白宫。

一天清晨，丘吉尔惬意地躺在浴缸里，手中还点着一根特大号的雪茄。忽然，一阵急促的敲门声响起，随后罗斯福破门而入。被惊吓到的丘吉尔立刻站起来，结果因来不及找到衣服蔽体，被美国总统撞了个正着。两国首脑在这种情景下相见，场面实在尴尬。这时，丘吉尔把烟头一扔，说道："总统先生，我这个英国首相对你可是坦诚相待，一点儿隐瞒都没有啊！"说完，两个人哈哈大笑。

有了这个小插曲，双方的会谈也变得更加愉快，各项协议签署得异常顺利。那句"一点儿隐瞒都没有"，不仅仅是为了调侃打趣，缓解尴尬的局面，更表达了坦诚相待、彼此信任的情谊。

强大的纠错与修正能力，是自信、机敏的表现。这种能力的养成不仅受外界环境影响，还与内在的情绪掌控力有关。

当你愤怒或者伤心的时候，可以暂时将眼前棘手的事情放一放，去做自己喜欢的事情，等平静下来之后再着手处理棘手的事。这是处理情绪的有效方法，也可以在最大程度上提升个人掌控局面的能力。

想要提高自控力，就不要把坏习惯当做敌人，而应将其当做朋友。只有心平气和地和坏习惯做朋友，你才能控制它们，趋利避害。此外，提高自己的思想境界，人就会变得从容很多，也更容易控制自己的情绪和行为。

在这里，为大家介绍一个"磨炼法则"，就是每天强迫自己去做一件不愿意做的事情，锻炼提升自控力。马克·吐温（Mark Twain）说过一句话，阐述了如何做到克己自制："每天去做一点自己心里并不愿意做的事情，这样，你便不会为那些需要你完成的义务而感到痛苦，这就是养成自觉习惯的黄金定律。"

事实证明，缺乏自控力的人很难有所成就，甚至会因放逐个人欲望走向歧途。自控力强的人，往往能够严于律己，在事业上取得非凡的成就。

【办事心理学】

每天做一件不情愿做的事情，能提升自控力，等到真正在工作上、学习上遇到需要解决的问题时，解决起来就会得心应手。

情绪糟糕时，请不要做任何决定

情绪糟糕的时候，不妨停下来冷静一下，然后再做决定。一个人陷入冲动、愤怒、烦躁的状态，会做出非理性决策。情绪状态不好、意志薄弱时无论做出什么样的决定，事后大多追悔莫及。当你生气的时候，你所说的每一句话都像一把利剑，直指人心，对别人造成伤害。

语言的力量是很大的，它既可以像一盏指路明灯，也可以像一把杀人于无形的利剑。为了避免让身边的人受到伤害，为了不因一时冲动做出无法挽回的决定，请别在情绪差的时候做决定。

为什么人与人之间会有情绪的抵触与对抗呢？因为每个人都想证明自己是对的。当我们把一件事情界定为对或错的时候，就会出现各种问题。你认为这件事情是正确的，事实上却是错误的，但你不愿承认错误，因此就会与人产生矛盾和冲突。

糟糕的情绪会影响个人对事物的判断，当你情绪糟糕时，请冷静下来，不要做任何决定，因为这时做出的决定，日后往往令你后悔。

二战结束后，美国人民沉浸在胜利的喜悦中，而住在俄亥俄州的劳拉却迎来了人生中最黑暗的一天。军队发了一封电报给她，说她的侄子在战争中不幸牺牲。一直以来，侄子都是劳拉生活的希望，两个人相依为命过了二十多年的美好时光。但从此以后，劳拉只能一个人独自生活了。

悲痛欲绝的劳拉觉得人生没有希望了，在痛苦之中，她决定放弃现在的工作，离开这里，去一个没有人烟的地方度过后半生。劳拉整理东西的时候，发现了一封侄子早年写给自己的慰问信。

信上写道："亲爱的劳拉阿姨，我永远不会忘记你曾经教会我的道理——不论生活在哪里，不论我们分别得有多远，我都会永远记得笑对人生，像一个坚强的男子汉，面对生活，面对所有的不幸和苦难。"

劳拉拿着这封信一遍一遍地读，似乎觉得侄子就在身边，并对自己说："为什么你不按照你教给我的办法去做呢？撑下去，别冲动地辞职。我知道你现在很痛苦，但当你清醒的时候，你会发现此时做出的决定是多么的幼稚。"

劳拉泣不成声，思考后决定打消辞职的念头。为了侄子，为了自己，她必须坚强地生活下去。

有了这个念头，劳拉工作更用心了。同时，她开始给前方的士兵写慰问信，给那些同样失去亲人的家庭写慰问信寄去思念和关爱。从此，劳拉的生活充满了快乐。

心理学家研究发现，很多罪犯在行凶的时候都是被糟糕的情绪冲昏了头脑，愤怒战胜了理智，以至于丧失了最基本的判断能力。其实，这是所有人的通病，别人的一个眼神、一句言语、一个动作都能激起自己内心的波澜。当你心情烦闷的时候，理智也降到了最低点，而此时你做出的任何决定通常会让你后悔莫及。

【办事心理学】

人是感性动物，内心有丰富的情感是好事，但很多人却无法控制心中的情感，常常被其所累。

学会用努力战胜怒气

如果不良情绪一直闷在心里得不到发泄，就会像蓄在水库中的洪水，早晚将脆弱的心理防线冲垮。所以，有不良情绪就要主动宣泄、释放和疏导，这样才不至于造成严重后果。

愤怒的时候，不妨分析一下原因，找到问题的症结所在，然后想办法化解。学会用努力战胜怒气，胜过肆意发泄。

英国外科医生爱德华·金纳，不断将"牛痘疫苗对抗天花感染"的论文呈给伦敦皇家学会，结果总是被拒绝。

为此，金纳非常生气，但是，他并没有被愤怒冲昏头脑，很快就重新振作起来。

1796年，女孩尼尔梅斯因手指刺伤后挤牛奶而感染了牛痘，金纳在她手指的脓包内取出少许脓液，用一根干净的刺针涂到另一名8岁男孩菲普斯的左胳膊上，然后在涂抹处划了两道伤口，让脓液进入他的身体。

结果，菲普斯出现轻微发烧等感染症状，但很快就恢复了健康。显然，这个过程与少女感染牛痘后的情形一样。不久，金纳又用牛痘脓液依照痘毒接种程序再一次接种到菲普斯身上，而菲普斯这次没有出现任何感染症状。

这件事验证了"牛痘疫苗对抗天花感染"的科学性，金纳成功了。这个坚强的人没有被愤怒占据心灵，而是化愤怒为动力，通过实验证明了理论的正确性。随后，金纳自己发行小册子，向医学界阐述这一理论。医生们慢慢接受了牛痘病毒接种预防天花的理论。这种治疗技术逐渐被采用，并迅速传播到世界各地。

愤怒是一种无助的表现，因为没有更好的方法摆脱眼前的困境。一时愤怒情有可原，但如果不能及时控制情绪，为了某件事长时间陷入愤怒的情绪，很有可能会毁了自己。从另一个角度看，无法摆脱愤怒情绪，也是一种心理不成熟的表现。

研究发现，有一些人在心理承受力、耐受力和适应性等方面的表现超越常人，他们能够用努力战胜怒气，与社会环境及其周围人群形成良好的互动，在事业、人际关系等方面一帆风顺。这种情绪释放与心理掌控能力值得每个人学习、借鉴。

【办事心理学】

人生之路，不可能一帆风顺，总会有些磕磕绊绊。面对别人的质疑和挑战，要学会摆好心态，用不断的努力战胜愤怒，从而取得成功。

Chapter 15 这些事，要顺势而为

尊重办事规律，自然容易有所成就

做任何事情都必须在把握规律的基础上掌控好态势，顺势而为。一个人的成功，与他所处的形势有莫大的关系。许多时候，顺应时代发展潮流，使自己的发展方向与周围的环境相适应，就会自然而然地获得优势资源，处于有利的局面。

史密斯原则：竞争中前进，合作中获利

个人的能力是有限的，即便能力再出众的人，要想有所成就，也离不开他人的支持。每个人都有长处，也有不足，通过团队合作，他人的长处可以弥补自己的短处，而自己的长处也可以弥补他人的不足。

如果没有合作，就不会有绵延万里的长城；如果没有合作，就不会有雄伟的金字塔；如果没有合作，就不会有高度发达的现代文明。在人类历史前进的过程中，"合作"起着至关重要的作用。

一个人可以凭借自己的努力取得一定的成就，但如果把自己的能力与团队力量结合起来，就能取得更辉煌的成就。随着科技的发展，社会分工越来越细，个人的能力在复杂的工序面前显得微不足道。要想成功，只能寻求合作，团队精神在现代职场显得尤为重要。

赵燕和李玲同时进入一家公司。李玲能力出众，很快就可以独当一面，她的工作能力让同事和领导刮目相看；赵燕虽然工作能力不如李玲，但是她开朗大方，活泼而有亲和力，在人际关系方面比较出众。在她们入职的第三年，她们所在部门的主管跳槽，公司领导决定从她们两人当中选出新的部门主管，最终结果三个月后公布。

得知这一消息之后，两个人就展开了竞争，尽力把自己最优秀的一面展现出来，以期望在职位竞争中获胜。三个月后，公司领导宣布赵燕为新的部门主管。对此，李玲感到有些失落，但是她很快调整好状态，并向赵燕表示祝贺为新的部门主管。她指出赵燕身上有许多自己不具备的优点，任主管实至名归。

赵燕也明白自己有许多不足之处，经常向李玲请教学习。李玲的大度，赵燕的谦虚，引来同事一片赞扬，她们的行为也引起了总经理的注意，不久，李玲被调到另一个部门担任主管。既竞争又合作的状态，在现代

职场普遍存在，只是很多人不懂得如何处理这两者之间的关系。

优秀的职场人士很清楚，在竞争日益激烈的现代社会，要想生存下去，唯有寻求合作，只有和团队成员拧成一股绳，才能增强竞争力，从而在市场中赢得一席之地。那些妄图凭一己之力闯出一片天地的想法，显得不切实际而又可笑。离开团队成员的支持，个人的能力不但无法充分发挥，而且根本不足以完成一项浩大的工程，当然也不可能取得辉煌的成就。

当然，职场当中不光有合作，还有竞争。在企业内部也会涉及利益、权力。为了获得更高的职位、更丰厚的薪资，企业成员之间必然会展开竞争。只是企业内部的竞争，不是"你死我活"的争斗，而是为了共同进步的良性竞争。

总之，竞争与合作缺一不可。通过竞争，彼此能够发现自身的不足，并及时改正，从而不断成长；通过合作，可以使彼此的能力充分发挥出来，从而推动团队不断进步。只有将竞争与合作的关系处理得当，才能达到双赢的效果。

【办事心理学】

通过竞争，人们可以快速进步；通过合作，可以使利益最大化。其实无论是竞争还是合作，都是为了利益。因此，当你觉得自己无法战胜对方的时候，就想办法加入他们当中吧！

利用逆向思维考虑并解决问题

很多人在面对问题的时候，会按照自己的惯性思维去思考、解决问题，从没想过尝试新方法。如果你正为了眼前的问题，找不到解决的办法而发愁，不妨尝试利用逆向思维考虑问题，也许眼前会豁然开朗。

这个世界丰富多彩，充满了无限可能，不必为了暂时的失意而懊恼。在有限的生命里，为何要固守一隅呢？那份苦闷、等待，注定无法与新鲜、丰富的探索相提并论。更重要的是，当你告别墨守成规的时候，会发现一个全新的世界，一个真实的自我。

一家三口从农村搬到城市，想要租一套房子住。大多数房东看到他们带着孩子，都拒绝租给他们。最后，他们来到一栋二层小楼门前，丈夫小心敲开了大门，对房子的主人说："请问，我们一家三口能租住您的房子吗？"

房主看了看他们，说："很抱歉，我不想把房子租给带孩子的租户。要知道，孩子非常闹心，我需要安静。"再一次被拒绝，夫妻两人非常失望，拉着小孩的手转身离开。

孩子把这一切看在眼里，走了没多远，他转身跑回来，用力敲了敲大门。房子的主人打开门，疑惑地打量着眼前的小家伙。小孩对房东说："老爷爷，我可以租您的房子吗？我没有带孩子，只带了两个大人。"房东听完孩子的话，哈哈大笑，最终同意把房子租给这一家三口。

其实，事情没有想象中那么难，只是你自己陷入了思维定式而已。如果你懂得转换思维，自然容易走出困局，重拾好心情。

逆向思考是如此重要，然而在我们身边，很少有人具备这一能力。人们喜欢遵从已有的习惯去做事，不愿否定自己的思维习惯，这样只会限制创新思维，让视野变得狭窄。

倘若能转换一下角度，逆向思考，那么你就掌握了一条通往成功的诀窍。

逆向思维是解决问题的有效办法之一，当你因陷入固定思维模式而自怨自艾时，不妨尝试用逆向思维去解决问题，也许问题就迎刃而解了。

在各自领域有所成就的人，不是那些一成不变、因循守旧的人，而是那些敢于创新、敢于打破常规、敢于质疑、敢于做出改变的人。

【办事心理学】

面对问题的时候，从相反的方向去理解、思考和判断，更容易找到正确答案，从而从失意和烦恼中解脱出来。

努力寻找你的社会支持

每个人都处在特定的社会环境中，与特定的人交往，形成特定的关系网络——亲人、朋友、同学、同事、合作伙伴等等。这些人是我们生活和工作上的助手，并在关键时刻扮演着我们社会支持的角色。

许多事情无法一个人完成，如果无法获得外界支持，会觉得力不从心，劳心劳神。当你陷入焦虑情绪的时候，不妨向周围的人寻求帮助，这样肩上的重担便会减轻许多。

家人和朋友永远是我们坚强的后盾，除了一起分享快乐，他们也帮我们分担痛苦。有了精神交流的对象，遇到麻烦的时候就有了倾诉的窗口，并得到中肯的建议。

杰克在美国的一个村庄长大，为了找更好的工作，来到了大城市。做一名工厂保健医生是杰克的梦想，但令人沮丧的是，杰克花光了身上的钱也没有达成愿望，最后只好到一家工厂做保安，暂时维持生计。微薄的薪水不足以应付大城市生活的开销，杰克一度陷入拮据的生活中，并因此变得郁郁寡欢。后来，他不得不求助于心理医生。

心理医生问："你现在打算做什么？"

杰克说："我想考临床助理医生资格证书，因为一旦有了证书，今后的生活就会改善，日子也会安定下来。我很清楚，为此要多读书，但是我始终无法专心学习，一看书就会走神。"

心理医生问："你主要想什么事情？"

杰克说："我畅想考试过关后如何开始新生活，更担心考试不过关如何面对未来的生活。如果考试失败，我会觉得愧对父母，也不想和同学联系……"

聊天结束了，虽然杰克没有从医生那里得到具体的建议，但是感觉心里明显舒畅多了。这是他最近说话最多的一天，平时并没有人陪他聊天。

心理医生发现，杰克在认知上过于绝对化、片面化，经常否定自己，把不利的情况放大。由于不擅长寻求社会支持，杰克才会因为情绪问题而陷入焦虑。

很多人都有过类似杰克的经历，缺乏社会支持和帮助，也没有人提供合适的意见和建议，结果，做事的决心往往不够坚定，并为此劳心伤神。如果和家人住在一起，或者经常与朋友沟通，那么就会有一个社会支持系统存在，就可以避免陷入空虚和无助。

人们无不想获得精神上的满足和自我价值的实现，但很多人拼尽全力去追求，却并未能得偿所愿，于是焦虑、忧心就不请自来了。

有智慧的人懂得借助外力解决各种麻烦，化解眼前的难题。遇到麻烦事的时候，别一个人扛着，向周围的人寻求支持和帮助，许多问题就会迎刃而解。这既是做事的方法，也是保持良好情绪的策略。

许多时候，与其用不断取得成就来满足自我，不如启动我们的"社会支持系统"，从良好的人际关系中获得温暖、爱、归属和安全感，这样就算是平凡地度过一生，也可以获得想要的幸福。

【办事心理学】

对于被焦虑情绪困扰的人来说，社会支持就像及时雨，能带来足够而且持久的信心和力量。焦虑的时候，请不要独自忍受，不要忘了你还有社会支持，亲人、朋友及同事都可能会带给你意想不到的惊喜。

找出谈判的"关键人物"

并非只有国家与国家之间、企业与企业之间才有谈判，谈判在生活中无处不在，人们生活的各个方面都有谈判的机会。随着社会的进步，人与人之间的交流越来越频繁，需要处理的社会关系也越来越复杂。

社交关系中，不会总是友好和谐，也会出现摩擦冲突。在和平年代与文明社会中，人们更倾向于通过谈判的方式解决问题。大家坐在一起谈判，是为了满足各自的需求。谈判桌上可能坐着许多人，但我们要学会找到那个关键人物。

通常情况下，谈判不会只是一对一这么简单，更多的是一个团队对另一个团队。任何一个谈判队伍都有领头人，也就是核心领导，此人对整个团队的方向、决策起着至关重要的作用。

在商业谈判中，最重要的是快速判断出谁是最终决策者。找到关键人物，你才能以合适的策略精准地击中靶心。

刘涛和张杰是同一家医疗器材公司的推销员，在一次公司召开的新品展销会上，来了很多客户，主管要求刘涛和张杰向客户介绍新产品，争取拿下订单。

刘涛接待的是一个一行五人的客户团，这五个人东瞅瞅，西望望，刘涛也不好命令他们聚集在一起听产品介绍，所以他只好一个一个击破，分别向他们介绍新产品。然而，他们在听了刘涛滔滔不绝的介绍后，都只是说："我先看看。"

与此同时，张杰并没有急着找客户推销新产品，而是先观察了一番。张杰明白，购买医疗器材的客户毕竟是少数，大多数人都是背着手，走走看看。这时，他发现一个五十岁左右的男人正一边看产品一边用笔记录。经验告诉张杰，这才是真正的客户。

于是，张杰走过去打招呼，询问对方有什么不明白的地方。果然，对方很有兴趣进一步了解新产品。这个人是一家私立医院的外科主任，此次前来正是要购买一批器材。最终，张杰成功地签下了这笔订单。

虽然张杰一下午只接待了一位客户，但是命中率百分之百。这就是在谈判中找准关键人物的重要意义。谈判通常不会给你留太多的时间，因此你不应该把时间浪费在无关的人身上。

"知己知彼，百战不殆"，谈判前一定要了解客户的相关资料。现在大多数企业、团队都会向外公开自己的一些信息，你可以直接到他们的官网上搜索，也可以浏览他们的企业内刊、内部资料，从而更全面、更深入地了解对方。

此外，你也可以通过主动打电话、上门拜访的方式寻找线索。当然，这个方法需要你注意措辞和尺度，毕竟不请自来是不太受欢迎的行为。

在谈判过程中，要学会察言观色，通常关键人物都最为淡定，并且沉默寡言，他仿佛是一个局外人，在审视着双方的谈判。你必须快速判断出关键人物，并针对其展开谈判，这样才更容易取胜。

【办事心理学】

人与人之间是有差别的，关键人物衣着、谈吐、神态和眼神上，与普通员工一定有差别，多用心留意这些，你的谈判效率会更高。

Chapter 16 这些事，要懂得说不

拥有拒绝的能力，才能实现心中所愿

拒绝，是放弃、抵制错误的东西，也是主张、坚持和弘扬正确的东西。敢于说"不"，是对别人也是对自己的尊重，是为人诚恳的表现。

面对一条错误的路，必须果断放弃

从心理学角度来讲，自控力的构成元素是多元化的，尤其是在面对"抉择"时，是否有勇气面对未知，是否有担当承受即将到来的结果，也是"自控力"的重要组成部分。一个人倘若连"正视"或"面对"自身错误的勇气都没有，又何谈"自控力"呢？

人非圣贤，孰能无过。犯错误并不可怕，只要能够认识到自己的错误并及时改正，就值得称赞。可怕的是，明知道自己错了，却因担心丢面子不承认，这样反而会招致别人的反感。

从小到大，王亮一直是优等生，老师的夸奖同学的羡慕让他养成了高傲的性子。学生时代，他人缘就不太好，进入职场后，也同样陷入了被"孤立"的境地。因为心高气傲，王亮总是直接指出别人的错误，却无法忍受别人的质疑。

有一次，王亮计算的一组数据出现了纰漏，同事发现后指了出来，这一下子犯了王亮的"忌讳"，他不仅没有承认错误，反而激动地说："你是不是嫉妒我工资比你高，故意找茬儿？你这种人我见多了，心理扭曲，公报私仇，简直不可理喻。"

无独有偶，公司里的其他同事也遭遇过这样的情形。时间一长，大家都对王亮"敬而远之"，没人愿意做他的工作搭档。在公司管理职位的选拔上，人事部门实行的是"领导考核＋员工投票"的制度。同事之间的关系这么僵，王亮的事业发展空间可想而知。

亡羊补牢，为时未晚。丢一只羊问题不大，只要及时发现问题出在羊圈上，及时修补羊圈，就能止损，避免丢失更多的羊。但是，如果不去检查羊圈或者发现羊圈有了漏洞也不修补，那么圈里的羊迟早会丢光。

人只有先认识到自己的错误，才能少犯错误。那么，当错误已经不可避免地发生时，应该怎样面对和处理呢？

首先，勇于承认错误，并承担因此造成的损失。

找理由推卸责任，耍心机把错误转嫁到他人身上，都是非常糟糕的做法。这样做不仅无法解决问题，反而会"犯众怒"，给大家留下非常不好的印象。正确的做法是鼓足勇气承认自己的错误，认错并不会损害你的形象和地位，反而会因"负责任"的态度赢得大家的尊重和认可。

其次，接纳犯了错误的自己。

有些人是完美主义者，对自己要求太过苛刻，一旦犯错就会背上沉重的心理负担，自责、悔恨像影子一样挥之不去。其实，犯错没有什么大不了，一定要学会接纳错误，接纳犯了错误的自己，用积极的态度面对问题、解决问题，而不是在犯错的压力下日渐抑郁。

最后，及时修正错误。

犯错并不可怕，只要能及时停下脚步，迷途知返，错误反而会成为成功道路上的磨砺。真正有智慧的人，不会惧怕犯错误，也不会耻于承认错误。在他们看来，改正错误也是一种能力，更是提升自己的一种途径。

【办事心理学】

错误的思想必然带来错误的行为，要改变行为上的错误，首先要解决思想上的错误。只有承认错误，并果断放弃错误的路，才能吸取教训，接受新的思想，从而避免在同一个问题上重蹈覆辙。

经验为什么会变成"陷阱"

经验是指你在过去的实践或学习中得到的知识和技能，包括直接经验和间接经验。任何一种经验都是人们亲身实践获得的，都能帮助人们在以后的工作和生活中少走弯路，提高效率。

但是，任何事情都有两面性，经验也不例外。善于运用经验并加以创新的人，更容易有所作为；那些囿于狭隘经验而不知变通的人，往往陷入经验编织的陷阱，很难有进步和突破。对此，必须保持警惕。

一只蜻蜓飞累了，停在路边的石头上休息。这时，它发现不远处有一只蜥蜴正在慢慢靠近自己。按照正常的逻辑，蜻蜓应该火速离开这个不安全的地方，但是，它却无动于衷，依然悠然自得地停在石头上。之所以这样，是因为以往它遇到蜥蜴都能够平安地逃脱。

蜻蜓认为，蜥蜴是爬行动物，要想抓住自己简直是痴心妄想。因此，每次遇到蜥蜴它都不慌不忙，等休息够了才会飞走。可惜这次是个意外。蜥蜴如一条黑影般快速扑了过来，终结了蜻蜓的生命。

作为飞行高手的蜻蜓怎么也想不到会栽在这只不会飞的蜥蜴手上。这就是经验带给蜻蜓的血淋淋的教训。

自己成功的经验，抑或他人成功的经验是一笔宝贵的财富，但是，如果过分相信和依赖这种经验，而忽略了客观现实，那么迟早要付出代价，掉进经验的陷阱里。

经验为什么会变成陷阱呢？概括起来，主要有以下几个原因：

首先，事情是不断变化和发展的，你从课本或他人那里学会的经验并不完全符合当前的情况。当然，我们并不是否认经验的正确性，而是强调应该具体问题具体分析。

其次，科技日新月异，唯有敢于突破经验的束缚才能有所建树。科学技术的不断发展告诉我们，如果一味地因循守旧，遵循固有的经验，必然被淘汰。

最后，经验是人们通过不断实践和学习获得的财富和智慧，因此你应该根据自己的能力持续学习，并适当作出改变，以适应新的局面。如果只相信课本或他人的经验，就有可能在工作和生活中栽跟头，步入经验所编织的陷阱里，失去方向。

没有人一生下来就会处理事情、解决问题，唯有不断学习和实践，才能持续进步。

【办事心理学】

经验是一把双刃剑，智者善于利用经验并勇于创新，而愚者则盲目相信经验，以至于落入经验编织的陷阱。

一定要远离负能量的人

趋吉避凶，是人的本能。有的人，第一次见面就让人喜欢，令人亲近；而有的人，第一次接触就让人厌烦，只想远离。

在我们周围，经常会遇到这样一些携带负能量的人：索取无度、压榨、欺压别人。如果一味地迎合与忍受他们，那么你的正能量也会渐渐变成负值。直到有一天，你会发现自己也成为负能量的携带者了。

与负能量的人相处久了，你会发现自己也尽显疲惫之态，无论做什么都提不起精神。比如，同事整天发牢骚，把负面情绪往别人身上倾倒，这时候要敬而远之，没有人喜欢和负能量的人交往。

从恋爱开始，玛丽就对婚姻充满了期待。她很爱强尼，梦想着两个人幸福地走完这一生。然而，婚后生活并没有想象中那么美好，反而葬送了玛丽的爱情。

两个人步入婚姻的殿堂，玛丽不像恋爱中那么拘束了，她开始不停地"为难"强尼。小到生活中琐事，大到搬家装修，玛丽都只考虑自己的感受，完全不顾丈夫的意愿。无论遇到任何事，玛丽似乎总是习惯消极地看问题。

显然，玛丽认为这样做没有什么不妥，她喜欢完全由着自己的性子来。渐渐地，她形成了遇事抱怨的习惯，竟然无法控制自己的情绪。而丈夫也从开始的包容变得失去耐心，两个人开始发生争吵。

夫妻吵架很正常，也许能增进感情。玛丽甚至这样给自己找借口，但是事态很快超出了她的想象。强尼变得桀骜不驯，一刻也不能容忍妻子的骄横。不久，他们离婚了。

这些年，强尼一直护着玛丽，不让她有任何为难。而她，却一再为难他，令他不惜放低身姿说好话，失去了自我。随后，争吵代替了一切，也将本该甜蜜的婚后生活搞得一团糟。当烦恼替代了美好，一切都无法继续下去了。

　　和负能量携带者交往，不仅可能卷入负面能量的旋涡，还会影响正常工作，破坏人际关系。每个人的时间和精力都是最宝贵的，不能任由别人肆意挥霍，因此，要远离负能量的人，始终保持积极向上的心态，应对生活和工作中的一切挑战。

　　那么，哪些人是负能量的携带者呢？

　　第一，经常抱怨的人。

　　喜欢报怨的人很多，他们总爱数落工作和生活中的种种不满，让本来安心工作的人也受到影响。据了解，抱怨是生活和工作中最易传播，也最具杀伤力的"负能量"。

　　第二，浮躁的人。

　　每个人都想成功，但成功却不是一蹴而就的。很多人急于求成，妄想一夜暴富。这种人做事往往不够踏实，很容易破坏团队的协作和平衡，也容易带动周围的人变得浮躁。

　　第三，自卑的人。

　　有些人做事总是畏首畏尾，在工作中不敢承担重任。这种人胆小怕事，不爱与人交往，虽然他们对外界不会构成威胁，但是仍然要敬而远之。

　　第四，嫉妒心强的人。

　　这是一个以成功论英雄的时代，很多人在看到别人取得成绩时，会产生嫉妒心理，于是心生恨意。一味地仇视别人的进步和优势，便会陷入负面情绪，所以嫉妒心强的人也是负能量的携带者。

　　此外，盲目攀比的人、懒惰的人、多疑的人……都或多或少携带着负能量，对这些人要敬而远之，不被其负面能量牵连。一旦发现自己陷入负能量里，一定要及时分析得失利弊，果断从负能量场中抽身出来，对自己进行重新定位。

　　【办事心理学】

　　负能量携带者不创造价值，也不会创造欢乐，他们只是生活中的索取者和破坏者。不能带给别人快乐，反而剥夺别人的快乐，这样的人不值得打交道，我们应该用宝贵的时光去和正能量的人邂逅。

请立刻停止致命的唠叨

在婚姻生活中，唠叨是致命的。假如婚姻中的女人拥有世上所有的美德，外貌也十分出众，却唯独喜欢唠叨，有一点小事就对丈夫喋喋不休，那么她所有的优点都将归于零。

女人之所以唠叨，本意可能是好的——希望丈夫可以更优秀，婚姻生活更幸福。可是，她们并不知道男人对唠叨持怎样的看法。

美国一位社会学家曾做过一个关于婚姻的调查，被采访的大多数男人都认为：在婚姻中最难以忍受的是女人的唠叨。

法国拿破仑三世被美丽、优雅的特巴女伯爵玛利亚·尤琴深深地迷住了，并想和她结婚。他的顾问提醒他说："尤琴的父亲只是西班牙一位并不显赫的伯爵，和您的地位根本就不相配。"

但是，这位君主并就不在意这些，只希望能拥有这位世界上最美丽的女人。就这样，他不顾全国人民的反对，与玛利亚·尤琴结婚了。

接下来，大家都以为拿破仑和尤琴会像童话里的王子公主一样过上幸福的生活。然而现实却恰恰相反，无论是拿破仑三世爱的力量，还是他的权力，都无法阻止尤琴的唠叨。她的心被嫉妒蛊惑，对任何事都猜疑。

尤琴总是认为，拿破仑三世在偷偷地接触其他女人，因此不给对方一点儿私人空间。有时候，拿破仑三世在办公室处理国家大事，她也会不顾一切地冲进去，然后任性地胡闹。有时候，拿破仑三世想一个人待一会儿，尤琴都不会允许。

虽然拥有十几处华丽的房子，但是这位皇帝却找不到一个安静的地方。此外，尤琴还经常到姐姐那里数落丈夫的不好，又哭又闹。

那么，尤琴得到了什么呢？莱哈特在《拿破仑三世与尤琴：一个帝国的悲喜剧》中这样写道："拿破仑三世常常在夜间从一处小侧门溜出去，头上的软帽盖着眼睛。在一位亲信陪同之下，他真的去找一位美丽女人，或者出去看看巴黎这个古城，在以往不常看到的街道中漫步，放松一下自己压抑的心情。"

毫无疑问，等待尤琴的一定是拿破仑三世对她的厌烦，最后这段婚姻也必将走向失败。这一切都是她自己亲手埋葬的，正是那无休止的唠叨毁灭了原本甜蜜的爱情。

有人曾说："在地狱中，魔鬼为了破坏爱情而发明的恶毒方法，唠叨是最厉害的。它永远不会失败，就像眼镜蛇的毒液一样，总是具有致命的毒性，常常使甜蜜的爱情破裂，甚至置人于死地。"

贝丝·韩博格在纽约市家务关系法庭任职 11 年，审判了好几千件离婚案。她说，男人离开家庭的主要原因之一是太太唠叨不停。

为了让自己拥有一份甜蜜的爱情，为了保住幸福的家庭，请一定要管好自己的嘴巴，谨记祸从口出。如若不然，你可能也会像《泰晤士邮报》说的那样："不停地自掘婚姻的坟墓。"

【办事心理学】

婚姻就是男女双方的互相妥协，何不大度一些，以尊重对方，让对方感到舒服的方式表达内心的爱呢？只有这样，夫妻关系才能变得更融洽，家庭才更幸福。

Chapter 17 这些事，要置身局外

远离麻烦的最佳策略是不蹚浑水

置身局外是一种处世态度，也是一种做事智慧。有大格局的人能够将一件事放在足够长的时间和足够大的空间里去看，因而做出的决定更有远见，也能影响更多的人。

不参与纷争才能独善其身

在这个纷繁复杂的社会，越来越多的人选择独善其身，对于可以避免的麻烦，都是能不参与就不参与。毕竟个人能力有限，不可能什么都兼顾，再加上人际关系复杂，多一事不如少一事。

这是不是在为自己的冷漠找借口？其实，选择独善其身并不代表冷漠，只是真实反映出一个人的生活态度。专注于自己的梦想与事业，让人生变得更有价值，这本身就值得称赞。

那么，怎样才算独善其身呢？最简单的就是避免陷入不必要的纷争。具体来说，是指将自己过剩的同情心和热情用在其他的地方，例如看书或旅游。而有些事情，关键时刻仍然要挺身而出，勇敢面对和承担。

有人会认为，独善其身显得不合群，毕竟一旦进入社会，有时候难免会面对站队的问题，所以有些人宁可冒险，也要主动陷入纷争，先下手为强。殊不知，保持内心的清净平和，不招惹麻烦，本身就是功德无量的事。

首先，独善其身可以让自己更专注。

我们进入社会后最容易犯的错，就是目标多想法多，却没有一颗专注的心。看着碗里的想着锅里的，永远没有一个明确的目标，甚至是朝三暮四。这样不仅浪费了时间，同时也会迷失方向。

其次，独善其身可以让自己更了解自己。

现代社会飞速发展，唯一不变的就是一直在变，而适应这些变化的最好办法，就是了解自己的需求和长处，寻找自己与社会的契合点，进而在变化中成长。独善其身的最大妙处，就是有时间好好与自己对话，发现自己内心的声音。

再次，独善其身可以少受甚至不受他人的影响。

身处一个推崇合作的时代，现实中很难单打独斗地工作，但合作不等没有原则或者同流合污，独善其身代表了一种与人合作的原则和底线。远离不必要的纠纷，对任何人都是一件好事。

最后，独善其身可以减少不必要的纷争。

社会是一个利益分配并不均的地方，所以难免产生纷争。独善其身的妙处在于，让自己没有机会陷入不必要的纷争。多一点儿独处加多一点儿完善，就能让自己的心灵简单而又平静。对利益的纷争隔岸观火，自然容易明哲保身。

【办事心理学】

不是所有问题都需要你参与解决，也不是所有事都需要你当裁判。即便你有参与其中的冲动，大多数时候也要权衡利弊，尽量不要主动让自己陷入麻烦。不参与纷争才能独善其身，从而利用有限的时间做出更大的业绩。

千万别挡他人的财路

有些人似乎有红眼病，就是见不得别人好，如果别人不如自己，却发了大财，就更觉得心里不平衡，甚至产生挡人财路的想法。

挡人财路就是与人争利，甚至是断人生路，这是一件很严重的事情。

刘元在开发一个新项目，恰巧周强的厂子也在做这个项目。由于周强技术力量雄厚，他的项目比刘元早一个月上市。

本来与周强上马同一个项目，就让刘元感到很窝火，没想到还让周强抢了先机。刘元越想越生气，于是匿名向质检部写了一封检举信，举报周强的产品有质量问题。

上面派人检查，周强的工厂因接受检查不得不停产一个月，损失惨重。天底下没有不透风的墙，周强很快知道是刘元从中作梗，于是花重金买到了刘元工厂的资料，发现其实刘元的产品才有质量问题，于是毅然把刘元告到了检察院。

正当刘元为挡了周强的财路而沾沾自喜时，却接到了检察院的通知。结果，刘元的工厂因产品不合格而不得不停产。刘元这次真是搬起石头砸自己的脚，赔了夫人又折兵。

一般来说，以下几种情形出现时容易出现挡人财路的行为。

第一，争夺资源。当资源有限时，你拿多了，我就拿少了，你全部拿了，我便没有了。为了保障自己的利益，便用各种方法从对方手中争夺机会。

第二，贪欲太大。没有什么原因，只因认为自己拿的不够多，便挡对方财路，看能不能将之据为己有。

第三，嫉妒心强。纯粹是嫉妒，看你拿的多，或是我虽然也拿的不少，但你拿的比我更多，于是就起了嫉妒心，让你什么也拿不到。

第四，肆意报复。某人和我有怨，逮到机会便挡他财路，虽然自己也得不到，但却满足了报复的快感。

无论是什么原因，挡人财路都会引起对方的忌恨。有的立即报复，有的人则"君子报仇，十年不晚"，彼此有了嫌隙，也埋下了隐患。

因此，在与人相处的过程中，不要挡人财路。与其挡别人财路，不如自己另辟财路，发展自己的事业。

【办事心理学】

在人际交往中，你挡别人的财路，别人就要挡你的财路。俗话说：穷帮穷，财气雄；富斗富，没房住，这种两败俱伤的事，不是智者所为。

与人无争，就能亲近于人

有私心的人，不是难以击败对手，而是无法战胜自己。在私欲的蛊惑下，越难以做自己，就越难有所作为，因此，不如像水一样恬淡无为，顺势而行，反而会有所得。

"流水不争先"，是日本围棋高手高川秀格的座右铭。他在比赛时，总将阵形布置得像水一样柔弱，对方一放松，便放弃了警惕。然而，高川秀格在波澜不惊的阵形中蕴藏的杀机总能迅速击溃对方，这就是"以不争为争"的智慧。

宋代宰相富弼年轻的时候，有一次被别人告知："某某骂你。"

对此，富弼笑答："恐怕是骂别人吧。"

这个人又说："叫着你的姓名骂的，怎么是骂别人呢？"

富弼说："恐怕是骂与我相同名字的人。"

那位骂他的人听到这件事以后，惭愧的不得了。为什么惭愧呢？因为与自己一比，富弼的庄矜自重明显优于自己。

与人无争，就能亲近于人；与物无争，就能抚育万物；与名无争，名就自动到来；与利无争，利就聚集而来。祸患的到来，全是争的结果。与人无争，则人安；与世无争，则事安；人事勿争，则世界亦安矣。

中国古代思想家老子非常推崇这种精神，并告诫人们要贡献自己的力量，主动示弱。他经常观察江河湖海，从它们善于处下的情形，得出了两个有益的结论。

第一，圣人为了在民众之上，其言论必定谦下，不把自己的话放在比民众的话更重要的位置，不把自己写的文章作为圣旨宣读，不强迫民众遵照执行。

第二，圣人为了在民众之先，其自身利益必定置后。有了获取私利的机会，圣人会把自己的利益放在民众的利益之后，让民众先得利。

在与人相处的过程中，让大家感觉不到丝毫的压力，让大家不受到任何伤害，就会赢得拥戴。不去与人争执，还能减少不必要的麻烦。

【办事心理学】

关键时刻的进退可以决定一个人事业的成败，适时的妥协和退让是明智的选择，是成大事必备的素养。许多时候，必要的妥协和退让会让你的生活焕然一新。

远离谈论隐私的人及各种话题

放纵自己的欲望是最大的祸患，谈论别人的隐私是最大的罪恶，不知自己的过失是最大的病症。

既然隐私是个人的、隐蔽而又不愿公开的秘密，那么在对待隐私的问题上，就至少应该做到两点：一是尊重，二是保密。尊重别人的隐私，是对别人最基本的尊重，毕竟谁都不愿意赤裸裸地在众目睽睽之下生活。

孙鹏是一个喜欢谈论别人隐私的人，学校里无论大事小情，他都无所不知。即使是在自习室里只见过一面的人，他也能打听到人家是哪个专业的，和谁谈过恋爱等等。

虽然表面上大家都叫孙鹏小记者，甚至说他不去当记者真是浪费，但实际上大家都不约而同地和他保持着距离，不敢和他多说话，多来往。显然，大家都担心孙鹏将自己的隐私说给别人，成为笑话。

如果你不小心知道了别人的隐私，或者别人出于信任，告诉了你一些自己的隐私，那么你应该坚决保密，而不能像传话筒一样，唯恐天下不知。这既是对人的不尊重，也是自己素质低下的体现。

有些人喜欢嚼舌根，在背后对别人说三道四，而他说的那些事有的是自己无端妄想的，有的是自己无意中听到的传闻，都是没有什么根据的闲言碎语。但是无论是真是假，都是对别人的不尊重，这样的人最容易招人厌恶。所以，我们要远离这样的人，而且坚决不能做这样的人。

某些不为人知的事情让自己产生了羞耻感，不愿意让别人知道，这就是最初的隐私，比如，原始社会的人类就已经懂得用树叶作为"遮羞布"。

隐私是个人的主观意志，不依靠外界的界定或者配合协助，所以隐私的存在，是独立于社会之外的，同时对于公众而言又是不可剥夺的。而且，一个人的隐私，即便是低俗的，也是可以存在的，至于是否公开、何时公开，全由自己决定。

人们为什么喜欢谈论别人的隐私呢？首先是倾诉的欲望。有的人知道一个秘密之后，如果不说出来就会觉得憋得慌，于是就到处宣扬，通过诉说别人的隐私来释放压力。

其次是为了满足自己的虚荣心。某些媒体、网站、出版物，爆料明星的隐私，以吸引大众眼球，获取经济利益。而普通大众往往喜欢通过谈论他人的隐私显示自己的能力，满足自己的虚荣心。

喜欢谈论别人隐私的人很难让人信任，不把别人的事情放在心上，认为别人的事情只是自己茶余饭后的谈资，这对当事人是伤害，同时也是不尊重别人的表现。如果不懂得克制自己，很容易招惹是非，惹来不必要的麻烦。

【办事心理学】

隐私是人们所不愿意示众的事情，而喜欢拿别人的隐私去博人气的人，无异于犯罪。无论是出于保护自己隐私的目的，还是尊重别人隐私的目的，都应该远离那些喜欢谈论别人隐私的人和话题。

得意的时候，也是最危险的时候

人们在享受成功的喜悦时，内心难免产生一丝轻狂，然而凡事过犹不及，如果成功之时，骄傲自大、目中无人，难免会让人心生不快，进而产生厌恶之情。

在荣誉面前保持平和的心态，才会有更大的进步，也不会影响到别人的情绪，特别是那些没有成就的人。

一位先生约了几个熟识的朋友到他家里吃饭，让其中一位处在人生低谷的朋友放松一下心情。

这位朋友不久前因经营不善公司倒闭了，妻子也因为不堪生活的压力，正与他闹离婚，内外交困，他实在痛苦极了。

来吃饭的朋友都知道这位朋友目前的境遇，大家都刻意不谈与事业有关的事。可是其中一位朋友因为眼下赚了很多钱，酒一下肚，就忍不住大谈他的赚钱本领和花钱功夫，那种得意的神情，让在场的人都觉得不舒服。

那位失意的朋友低头不语，脸色非常难看，一会儿去上厕所，一会儿去洗脸，后来提前离开了。一出门，他便愤愤地说："会赚钱也不必在我面前说得那么神气吧！"

人人都会遇到不如意的事情，在失意的人面前炫耀自己的得意之处，无异于把针插在别人心上，既伤害了别人，对自己也没有什么好处。

失意的人常常郁郁寡欢，但别以为他们只是如此。当你在谈论你的得意时，他们普遍会有产生一种心理——怀恨在心。这是一种来自心底深处的对你的不满，你说得口沫横飞，却不知不觉在失意者心中埋下一颗炸弹，多划不来。

得意之时少说话，而且态度要更加谦逊，谦逊与内心的平静紧密相连。我们越不在众人面前显示自己，就越容易获得内心的宁静，这样就容易得到别人的认同，得到别人的支持。

在日常生活中，人们更留心那些自信谦逊，不随时随地炫耀自己成绩的人。大部分人都喜欢那些不自夸的、谦逊的人，他们总尊重别人的感受，而不是表现自我。

【办事心理学】

遇到高兴的事情，人们喜欢倾听赞美的言辞，但是面对别人的夸奖，我们要保持冷静，不能恃宠而骄，更不能因此断送美好的前程。

Chapter 18 这些事，要有备无患

减少失败的因素是成功的基础

这个世界的复杂程度，超出我们的想象。应对局势的复杂多变，你要思虑周密，准备尽可能多的应急举措。凡事有备无患，自然能降低失败的几率。

再好的朋友也不能什么话都说

再好的朋友，也需要保持一定的距离，这里的距离，既指地理上的距离，也指心理上的距离。面对挚友，知无不言，言无不尽，并非最佳状态。相反，将内心想法和盘托出，会给对方增加压力。过于坦诚并不一定会得到忠诚与依赖。

世界上没有完全相同的两个人，生活经历的迥异会致使人们在个性、习惯等方面有所不同。每个人都需要私人空间，即便是父母、爱人和朋友，也不能随便进入，这是人的正常心理需求。所以，再好的朋友也不能强求对方对你掏心掏肺，你也不必"一丝不挂"地展现自我，有些话可说，有些话只能自己品味。

"祸从口出"，有些话说出来，对自己、对朋友都未必是一件好事。如果是烦心事，在你对好朋友大诉苦水的同时，是否考虑过朋友的感受？他可能也正经历着不愉快的事情，却还要包揽下你的眼泪。

还有一种情况，你以为对朋友说的任何事情，朋友都能够感同身受。事实上，因为生命个体的差异性，你的独特感受朋友并不能准确把握。此时，你得到的不是理解，反而是失望、后悔，与其如此，倒不如不说。

珊珊和琪琪是大学同学，两个人因为个性相合成为好朋友。毕业后，她们一起租房一起找工作，并幸运地被同一家公司录用，两个好姐妹十分开心。

这家公司不大，老板是一个将近 50 岁的戴着眼镜的男士。工作一段时间后，珊珊发现这个老板非常抠门，总是找各种借口让员工加班还不给加班费。珊珊私底下就向琪琪抱怨老板，琪琪却没有什么反应，只是说，做老板的都是这个样子。

可是珊珊不以为然，甚至觉得琪琪的反应奇怪，明明上学时都是仗义的姐们儿，怎么在这件事上会有不同的看法呢？珊珊依然对老板各种不满，还将这种情绪带到了工作中，和同事一起在背后讲老板的坏话。回到家后，珊珊又将从同事那里听到的风言风语告诉琪琪，琪琪听后特别生气。

一天，老板突然在例会上宣布提拔琪琪为部门主管，并告诉大家琪琪是自己的女儿，这段日子是在基层积累经验。珊珊听到后，气冲冲地找琪琪理论，质问她为何要隐瞒真实身份。琪琪反问她，有必要凡事都向你报告吗？珊珊认为琪琪是故意套自己的话，愤然辞职，两个好朋友就这样分道扬镳了。

并不是什么事，朋友都有义务要告诉你，也许他有难言之隐，或者他另有打算。总之，不能强迫朋友把所有事都告诉你。社会很复杂，社会关系网一层套着一层，也许一句话稍有不慎，就会让自己陷入困局。

因此，有些话，特别是说他人的坏话，最好不要与第二个人讲，自己心知肚明即好。让第二个人知道，就很有可能被第三个人知道，最后天下人皆知，到时你就无法收场了。

每个人都有不为人知的秘密，都有属于自己的空间，空间大小因人而异，走得太近会让人感到不适。即便再好的朋友，也有一些情况需要独自面对，因此，保持距离非常有必要，知心话也并非要一吐为快。

【办事心理学】

中国人交朋友讲究心领神会，你不说，我不语，一切都已明了，这才是朋友的最高境界。有些话一旦说出口，就失去了原本的味道，友情就可能变质。明白他人的心理需求，尊重他人的隐私，给自己也给朋友留点空间，才能长久保持融洽的关系。

改变消极的思维模式

神经生物学家安东尼奥·达马西奥提出，所谓的情感状态，实际上是大脑构建出来用以诠释身体反应的一个"故事"。也就是说，大脑对环境的评估结果，决定了被激发的是什么情绪。

因此，改变对特定事物的看法，就能够改变与之相对应的情绪。某次因自觉有理而向友人爆发的愤怒，也可能在反思之后转为愧疚；那段曾让你既悲且恨的初恋，会在大脑的评估变为"释怀"后变成美好的回忆。

面对糟糕的状况以及危险的情况，人们难免产生焦虑、担心和恐惧等负面情绪。眼前的情景已经很窘迫了，如果再增添这么多负面因素，无疑是雪上加霜。

比如，你去医院看病，难道希望医生对病情流露出担忧、焦虑等负面情绪吗？当然不会，因为这不会帮助医生救治病人，反而会影响其医学水平的发挥。实际上，病人都希望从医生那里看到自信、乐观的微笑，从而对医治效果充满希望。

许多人在消极思维模式的影响下，满眼都是糟糕的事情。是时候转换思维方式了，痛苦、悲观和担忧，只会让局面变得更糟。当危机、冲突和忧虑突然降临的时候，你需要用爱心、怜悯、接纳和理解去应对，寻找解决问题的正确方法。

有一天，本·佛森去山上砍伐木材。在返回的路上，车子在急转弯的时候，有一根木头忽然滑了下来，卡住了车轴，本·佛森被甩到旁边的一棵树上，伤到了脊椎骨，双腿从此瘫痪。

当时，本·佛森只有 24 岁，就这样在轮椅上度过一辈子吗？他不甘心。一开始，这个年轻人极度怨恨命运的不公，但是他很快意识到，这对自己毫无帮助。

于是，经历了一段时间的彷徨和抱怨之后，本·佛森找到了属于自己的全新人生。他对文学产生了兴趣，并开始认真读书。阅读让他开阔了眼界，也丰富了人生。闲暇之余，他还学会了欣赏美妙的音乐，听着美妙的曲子，便不会感觉孤单。

当然，最重大的转变是他开始认真思考人生。当他静下心来观察这个世界时，认识到以往那些无聊的琐事毫无价值，只有把时间和精力花在有意义的事情上才不虚此生。

广泛阅读之后，本·佛森逐渐对政治产生了兴趣。此后，他花费大量时间研究公众问题，并坐着轮椅演讲，也因此认识到更多优秀的人，并被大家关注。后来，他凭借自己的才干成为佐治亚州州长的秘书。

在命运的捉弄下，许多人再也没有抬起头，而本·佛森改变消极的思维模式，用积极的心态迎接新生活，开创了另一种成功人生。他曾说："别人和善礼貌地待我，我也应该和善礼貌地回应对方。"

卡尔博士说："世界上有两种人，一种人认为自己是应得报酬与应受惩罚的依据，另一种人认为报酬和惩罚是诸如运气、天气和他人等外部因素带来的。通常，前一种人更乐观，心理能量更强，更有可能通过积极行动改善糟糕的现状。"

陷入困境时，你要相信自己能掌控个人命运，能解决问题并突破困境，积极的思维模式会引导你夺取胜利。如果一番努力之后你仅仅得到了一个酸柠檬，那就把它榨成柠檬汁吧！

如果你想保持积极乐观的情绪，首先要改变消极的思维模式。做不到这一点，任何人都无法帮你从不良情绪中解脱出来。

【办事心理学】

学会积极乐观地思考，必须多与他人交流，打开思路。此外，观察和阅读也能激发积极的情绪，平复内心的失落、不满等负面情绪。

多一个朋友，多一条出路

一个人在社会上生存，要想获得更好的发展，需要获得更多的人际资源和帮助。有了朋友的帮助，就会有更多选择，多一个朋友就多一条路。

在生活中，与朋友、同事难免有些小误会，也许因为很小的事情就会闹得不愉快。事后仔细一想，发现根本没有必要闹成这样，想和好但是又放不下面子，于是不了了之。

这样，在不知不觉中其实让自己多了一个敌人，也许说是敌人有点严重，但是你们之间的关系绝对在朋友与敌人之间，随着时间的积累很可能就成了敌人。

仇恨不只会造成彼此之间的敌对，还会加重自己对生活的不安与忧虑，既不利人也不利己。事实上，只要我们主动伸出和解之手，化解彼此心中的疙瘩，我们就可能会减少一个敌人，而增加一个肝胆相照的好朋友。

在一个偏远的山村，张家与李家是三代世仇，两家人一碰面，经常演出全武行。

有一天傍晚，老张和老李从市集回来，碰巧在路上遇见了。两个仇人一碰面，倒没有开打，但也各自保持距离，互相不答理对方。两人一前一后走在小路上，相距约有几米远。

天色已暗，乌云遮住了月亮，走着走着，老张突然听见前面的老李"啊呀"一声惊叫。原来老李掉进河沟里了。

老张连忙赶了过去，心想："无论如何是条人命，怎么能见死不救呢？"他看见老李在河沟里浮浮沉沉，双手在水面上不断挣扎着。这时，老张急中生智，连忙推倒一棵小柳树，迅速将小柳树的一端递到老李手中。

老李被救上岸后，感激地说了一声"谢谢"，然而一抬头才发现，原来救自己的人居然是仇家老张。老李疑惑地问："你为什么要救我？"

老张说："为了报恩。"老李一听，更为疑惑："报恩？恩从何来？"
老张说："因为你救了我啊！"老李丈二和尚摸不着头脑，不解地问："咦？我什么时候救过你呀？"

老张笑着说："刚刚啊！因为这条路上，只有我们两个人。倘若不是你那一声'啊呀'，第二个坠入河沟里的人肯定是我。所以，我哪有知恩不报的道理呢？因此，真要说感谢的话，应当先由我说啊！"

此刻，月亮从乌云里露出脸来，在月光的照射下，当年曾互相打斗过的双手，如今却紧握在了一起。

林肯总统对政敌素以宽容著称，引起一位议员的不满。议员说："你不应该试图和那些人交朋友，而应该消灭他们。"林肯微笑着回答："当他们变成我的朋友，难道我不正是在消灭我的敌人吗？"一语中的，多一些宽容，公开的对手或许就是我们潜在的朋友。

【办事心理学】

林肯说："无论人们怎样仇视我，只要他们肯给我一个略说几句话的机会，我就可以把他们征服，跟他们化敌为友！"少一个敌人，多一个朋友，多一条出路。

别因直性子破坏了来之不易的关系

每个人都有自己的个性。个性不同的人聚在一起，既是一种互补，也会或多或少产生矛盾与冲突。遇到分歧时，很多人喜欢争吵，分辨对错，结果只能两败俱伤，恶化了彼此的关系。

人与人之间建立起信任是非常难的。即使你之前尽心维护感情、做得非常到位，只要有一次言行失误，就有可能与对方产生嫌隙。那些心性耿直的人，不懂如何控制自己的情绪往往会把局面搞砸，走入死胡同。

马可·波罗到中国游学时，有一天，他走了很远的路才看到一户人家，于是希望借宿一晚。

马可·波罗的一个同伴对这户人家的主人说："我们来自欧洲，到这里游学，我的同伴是马可·波罗，皇帝的使臣。请问，我们能否在此借宿一晚？"

这家的主人是一个有才识的老人，听到远方的客人来借宿，高兴地说："我写一个字，如果你们认识就可以借住在我家。"随后，老人在纸上写了一个"真"字，马可·波罗的同伴说出了答案，但却被老人轰了出来。

马可·波罗听完同伴的叙述，亲自找到那位老者，看了看那个"真"字，说："很抱歉，我们是从欧洲过来的，对这个字不熟悉。在我的印象中，这是'真'字，不知哪里出了问题，还望您指点迷津。"

老者听了笑着说："这个念'直八'。中国是礼仪之国，处世之道讲究认不得'真'，你非要事事直截了当，耿直不阿，如何更好地与人相处呢？"

马可·波罗一行人听后恍然大悟，大赞中国的汉字文化和处世之道博大精深。最后，老者高兴地欢迎他们入住，并与其度过了一段愉快的时光。

许多事情就是这样，你一较真就输了。有些事情说不清道不明，无法解释，不必太过认真。大智若愚是一种处世智慧，在不违背原则的基础上，装糊涂未尝不是一个好办法。

许多事情不是你一个人可以掌控的，面对复杂的局面，如果不懂得转换思维、变换方法，而是直来直往，很可能会寸步难行。

即使对方言语失误，也不必生气。调换一下位置，想想他人的感受，你自然可以控制住自己的情绪。性格耿直不是缺点，但是任由直性子发挥，就潜藏着很大的人际关系危机。

在人际交往中，一定要清楚在什么情况下需要认真，什么事需要装糊涂，在不触及底线的前提下大可以"委屈"一下自己。

【办事心理学】

世间没有那么多事情必须用是非、对错的观点来评判，和睦相处才是良好的处事之道。不因直性子毁了来之不易的关系，这不仅是维系和睦关系的基础，也是成大事的基本素养。

处事不能贪，要见好就收

自古以来，聪明人都懂"日中则昃，月盈则蚀"的道理。他们更清楚"狡兔死，走狗烹；飞鸟尽，良弓藏；敌国破，谋臣亡"的治术。只有推美让功，才能持泰保盈。

清代的曾国藩早就曾指出，"做人弓不拉满，势不使尽；盛时欲作衰时想，上场欲作退场思"，功高震主时一定要明哲保身，这样才能转危为安。

总有一些人想尽办法收获名利。为了梦想实现个人价值、获取功名，并不是坏事，但追求名利应有限度，不能过分。

文种是勾践的重臣，为打败吴国立下了汗马功劳。他功成名就后，仍然辅佐越王。其间范蠡曾给他写过一封信，说："飞鸟尽，良弓藏，狡兔死，猎狗烹。越王的长相，颈项细长如鹤，嘴唇尖突像乌鸦，这种人只可以与他共患难，却不能同享安乐，你现在不离去，更待何时？"

后来文种便称病返乡，但退隐不如范蠡彻底，他留在越国，其名仍威慑朝野。于是有佞臣陷害他欲起兵作乱。越王也有"猎狗烹"之意，故而以谋反罪将文种处死。

只知进，不知退，久居高位遭受"文种之祸"的，又何止一人？这些人始终有个小聪明，误以为能名利双收。由此看来，见好就要收，处世不贪，是多么重要。

"知足者常乐"，既然得到好处了，就应该知足，知道感恩。放眼看去，那些贪得无厌的人大多落得人仰马翻的下场，令人唏嘘不已。

汉朝初年，功臣被封爵的有一百多人。当时天下初定，逃亡的人口很多，可以计算到的户口只有实际人口的十分之二三。因此大侯的封邑不超过一万户，小侯只有五六百户。几十年后，逃亡的人都回到故乡安定下来，户口增多。

萧何、曹参、周过细、灌婴等人，有的封邑增到四万户，小侯的封邑也增加了两倍。然而，他们的子孙骄奢淫逸，忘记了祖先的创业精神，专门干淫邪的事情。到武帝太初年间，只过了百来年，为侯的就只剩下五人，其余的都因犯法丧了性命。

因此，无论你有多大的权势，守法是唯一能保证你平安的方法。

如果你贪图小利，成了别人的工具，那么最后的结果必然是丧失以前所有的一切。千里之堤，溃于蚁穴，有志者对唾手可得的名和利都要慎之又慎。

【办事心理学】

知足者常乐，做人不可太贪心。凡事太过贪心，只能落得一无所有。获得一定的成果后，要懂得收敛自己的贪欲，见好就收，别让贪念毁了今后的前程，这是为人处世需要深刻领悟的道理。

Chapter 19 这些事，要看淡得失

如果事与愿违，请相信一定另有安排

岁月不可回头，真正拼过就是活过。人生起起落落，不过是它原本该有的样子，遇事能够看淡得失，眼前就没有翻不过去的山。

走过人生的鄙夷与不屑

成果未得，先尝苦果；壮志未酬，先遭失败，这样的情况在生活中比比皆是。一个人追求的目标越高，就越能敏锐地感受到逆境的存在。先哲说："所有的危机中，都藏匿着解决问题的关键。"人生的挫折和苦难中都蕴含着成长和发展的种子，然而，能够发现这颗种子的人并不多，所以世上多是平庸之辈。

不堪一击的花朵出自温室，高可参天的大树来自险峰，平静的池塘培养不出优秀的水手。恶劣的环境或危险的强敌，会让人们时刻准备着迎接挑战，督促人们在奋力拼杀中闯出一条血路。任何时候，谁能勇敢走过人生的鄙夷与不屑，谁就能成为时代的强者和赢家。

对于一幅雄浑的风景画来说，它的精妙之处不在于波澜壮阔，不在于姹紫嫣红，而在于不经意的一笔，却有鬼斧神工、画龙点睛之妙。逆境就是人生路上这不经意的一笔，看似多余，让你厌恶，让你不知所措，却是激发潜力不可或缺的部分。换句话说，挫折能激发人的潜能，增强人的韧性和解决问题的能力，能让人格在对抗苦难时不断完善。

诺曼毕业于一所普通大学，在校期间功课和社会实践成绩都不出众，但是在招聘会上却被一家世界五百强企业录用。于是，校报派记者采访这家企业的招聘负责人，对方说："诺曼同学的表现非常出色，他几乎满足我们所有的要求，是企业最需要的员工。"

学校学生报的记者非常奇怪，找到诺曼寻求答案："诺曼同学，恕我直言，你平时学习成绩并不出众，也不太喜欢参加社会实践和集体活动，为什么在这次招聘会上能被世界五百强企业录用？并让其对你做出非常高的评价呢？"

诺曼思考了一会儿，说："这大概要归功于我之前在应聘中遇到的挫折。"原来，在毕业之前半年，诺曼已经开始四处应聘了。他认为自己不优秀，如果想得到一份好工作，就必须笨鸟先飞。

没有社会经验，成绩形象都不出众，诺曼在这半年的时间里一直忧心忡忡。开始时，他的表现糟糕至极，脾气好的面试官会耐心地提出一些可行的建议，脾气差的面试官就直接恶语相向。每次面试完之后，诺曼会分析原因，记录得失。半年来，他参加了一百多场面试，几乎每天都在面试，而那本厚厚的面试记录本成了他宝贵的财富。他吸取了这一百多次应聘的经验教训，所以在这次学校招聘会上表现出众，最终得到了面试官的肯定。

每个人都害怕逆境，但有时候逆境给予我们的要比顺境给予我们的多很多。真正让人热爱生命的不是阳光，而是死神；真正让万物生长的不是风和日丽、天高云淡，而是严寒酷暑；真正逼迫你坚持到最后的，不是亲朋好友的支持，而是对手的压力；真正能促使你成功的力量，往往聚积于竞争之中；真正促使你奋勇拼搏的不是优越的条件，而是人生路上遭遇的打击和挫折。

【办事心理学】

行进于人生漫漫的旅程，有绿洲也有沙漠，有平川也有险峰。不要试图躲避逆境，也不要害怕苦难来敲门，逆境对你来说正如严寒之于梅花、磨砺之于宝剑。

主动适应无法避免的事实

既然已经成为现实，那就接受吧，而后再寻找改变的方法。唯有这么做，心中才会少一些抱怨，多一丝快乐。

人们总是追求美好的结局，却忘了生活原本就充满了未知。现实不是童话故事，没有那么多王子拯救公主的剧情，有些烦恼无法躲避，与其后悔、埋怨，还不如像大地承接雨露般欣然接受。面对无法避免的事实，只有主动适应才能减轻痛苦和伤害。

惠特曼写过这样一句诗："哦，要像树和动物一样，去面对黑暗、暴风雨、饥饿、愚弄、意外和挫折。"有些不幸发生了，虽然是一种可怕的灾难，但也是一次历练的机会。

事实上，生活从来不会停下脚步，不会在乎你是否快乐、幸福。最值得称赞的态度是接受眼前的一切，或许你会发现事情没有想象中那么糟糕。痛苦是可以忍受的，无需抱怨上帝不公平，哪怕现实不留任何选择的余地，你也可以选择改变自己，从而减少内心的煎熬，活出另一个自我。

许多时候，生活是善待我们的。享受它所赠与的一切，才会变得从容不迫。遭遇挫折打击的时候，不妨微笑着面对，再苦再难也要开心快乐。真正能够左右心情的不是环境，而是面对不同环境所做出的反应，是个人主观方面的判断。

哲学家威廉·詹姆斯曾说："要乐于承认事情就是如此。能够接受发生的事实，就能克服随之而来的任何不幸。"我们永远都改变不了现实，只能承认已经发生的一切，而这恰恰是避免更多不幸的第一步。

逃避现实，会让人意志消沉，无法走出阴影，造成心理上的障碍。既然已经演出了一场悲剧，为什么还要让这种悲伤蔓延，摧毁更多的快乐和幸福呢?

当然,对于无法改变的现实,我们要接受并且努力适应;但是如果事情并没有定局,还有扭转的余地,哪怕只有一丝希望、一丝可能,我们也要奋力一搏,把损失降到最低。有了这种态度,忧虑就无法占领我们的身体。

【办事心理学】

人类能够战胜生活中的失败、挫折,得益于强大的承受能力以及驱散忧虑的智慧,因此接受一切才能改变一切。

聪明的人允许自己出错

生活中，每当出现错误时，人们通常的反应是："真是的，又错了，真是倒霉啊！"更有甚者，要么抓住别人的错误不放，要么抓住自己的错误不放，明明是无足轻重的小失误，却要埋怨、纠结、懊悔好几天，导致接下来的事情也做不好。

殊不知，人类即使再聪明也不可能把所有事情都做到完美无缺。聪明的人允许自己犯错误，他们认为，错误的潜在价值对创造性思考有很大的作用。如果想取得成功，就不能回避错误，而是要正视错误，从中汲取经验教训，让错误成为走向成功的垫脚石。

有一次，丹麦物理学家雅各布·博尔不小心打碎了一个花瓶。他没有像常人那样懊悔叹惜，而是俯下身子，小心翼翼地将满地的碎片收集了起来。

出于好奇，雅各布·博尔并没有把这些碎片扔掉，而是耐心地将其按照大小进行了分类，并称出了重量。结果，他发现：10 ～ 100 克的最少，1 ～ 10 克的稍多，0.1 ～ 1 克和 0.1 克以下的最多。

令人惊喜的是，这些碎片的重量之间表现为一定的倍数关系，即较大块的重量是中等块重量的 16 倍，中等块的重量是小块重量的 16 倍，小块的重量是小碎片重量的 16 倍……

雅各布·博尔将这一原理称为"碎花瓶理论"，并利用这个理论对一些受损的文物、陨石等不知其原貌的物体进行恢复，给考古学和天体研究带来了意外的效果。

从哪里跌倒，就从哪里爬起来。雅各布·博尔不小心打碎花瓶后，并没有纠结、懊悔自己的失误，而是对错误的潜在价值进行了创造性观察与思考，从中总结出规律，并将其理论用于工作中。

人类社会的发明史上，有许多人利用错误假设和失败观念产生了新的创意，哥伦布以为找到了一条通往印度的捷径，结果发现了新大陆；开普勒发现行星间有引力存在，是偶然间由错误的理由得出的……可见，发明家不仅不会被成千的错误击倒，反而会从中得到启发。

在创意萌芽阶段，犯错往往是创造性思考必要的助推器。谁能允许犯错，谁就能获取更多；没有勇气犯错，就很难突破。尝试错误，才是进步的前提条件。这需要我们做到以下几点：

第一，接受不完美。每个人都有别人看不到的缺点，只有在特定的环境中才会显现出来，这与教育、学历都没关系。

第二，不同他人比较。每个人的生活环境都不一样，不必和任何人比较，保持上进心，做好自己的事，努力生活就可以了。

第三，积极应对。既然错误已经发生，那就采取措施积极应对，避免心生抱怨，甚至一蹶不振。积极作为，永远是走出低谷的正确选择。

【办事心理学】

人们主要是从尝试和失败中学习，而不是从正确中学习的。因此，做事不要怕犯错，犯错后要勇于从错误中找出教训，这才是走出困境的最佳药方。

眼前的一切都是最好的安排

在这个充满变化的世界里，不确定性因素常伴左右，你永远无法掌控眼前的一切。然而，人们总是期待最好的安排，特别是遇到不顺心的事情时，会认为自己遭遇了不公正待遇。

起风了，树叶被吹落下来。有的叶子落到了小河里，有的叶子落在了草地上，还有的叶子掉在了粪坑里。就是这么一股风，让本来生于同一棵树上的叶子有了不同的命运。人生何尝不是如此呢？

坦然面对眼前的一切，学会接受各种人和事，不沉浸在痛苦和后悔中，人生才能多一抹亮色。

黛西是一位婚礼策划师，年轻貌美，她的男朋友杰克高大帅气，真是羡煞旁人。她的最大愿望就是能够给自己设计一场美轮美奂的婚礼，但是这个美好的愿望却被残酷的现实击碎了。

杰克认识了一位银行家的女儿——露娜，后者疯狂地爱上了杰克。露娜用父亲的地位诱惑杰克，结果杰克经不起诱惑和黛西分手，和露娜走到了一起。

更让黛西难以接受的是，露娜竟然找黛西的公司策划婚礼。关键时刻，公司的婚纱设计师约翰站了出来，帮助黛西度过了眼前的难关。约翰给黛西讲笑话，按时送饭，还帮忙应付难缠的露娜。在他的周旋下，露娜放弃了与公司的合作，黛西避免了尴尬，挽回了面子。

黛西的心情变得好多了，却始终没有察觉到约翰的爱意。直到有一次到约翰家做客，她无意中翻看到约翰的婚纱设计手稿，才惊讶地发现里面的每一款婚纱都是为自己设计的，旁边还写着约翰当时的感受。

直到这一刻，黛西才明白约翰的良苦用心，感动得流下了眼泪。她扑进约翰的怀里，两个人相视而笑。

面对男友的背叛，黛西一度对生活失去了信心，也忽略了约翰的关心。

不过，她又是聪明的，发现了约翰的爱慕之情。她感恩上帝送了一位天使守在自己身边，也相信眼前的一切就是最好的安排，由此，开启了另一段幸福的人生。

有时一些不愉快的事情会长期纠缠着我们，甚至让我们的内心产生恨意，但这又有什么用呢？不如给自己一个理由原谅对方，这样心才会释然。坦然面对眼前的一切，学会理解和接受事实，你终将发现生活中另外的美。

【办事心理学】

对过去的生活不满意，甚至充满悔恨，这是一种悲观消极的情绪。如果任由其积压在心底，会让你失去生活的勇气，或者变得极端，对人失去信任。更可怕的是，你会因此而错过生活中真正爱你的人和那些值得珍惜、留恋的事情。已经发生的，就让它随风而逝，因为幸福就在眼前。